U0831638

煤炭高等教育“十四五”规划教材

《矿山压力与岩层控制》习题解答

主　编　刘学生　谭云亮　宁建国
副主编　杨永杰　张培森　于凤海　史新帅　顾士坦　王　俊

中国矿业大学出版社
·徐州·

内 容 提 要

本书依据谭云亮教授主编的《矿山压力与岩层控制(第 3 版)》章节顺序编写,是该教材的配套教学参考书。本书给出了原书中所有习题的详细答案,帮助读者理解和掌握基本知识点,同时针对各章节的重点和难点等问题,新增加了若干典型习题和案例,以拓宽读者视野,提高对相关知识的灵活运用能力。

本书可作为采矿工程专业本科生的配套习题集或参考书,也可供煤矿现场工程技术及管理人员自学使用。

图书在版编目(CIP)数据

《矿山压力与岩层控制》习题解答/刘学生,谭云亮,宁建国主编. —徐州:中国矿业大学出版社,2023.6

ISBN 978-7-5646-5867-0

Ⅰ. ①矿… Ⅱ. ①刘… ②谭… ③宁… Ⅲ. ①矿山压力—高等学校—题解②矿山—岩层移动—岩层控制—高等学校—题解 Ⅳ. ①TD32-44

中国国家版本馆 CIP 数据核字(2023)第 112816 号

书　　名　《矿山压力与岩层控制》习题解答
主　　编　刘学生　谭云亮　宁建国
责任编辑　耿东锋
出版发行　中国矿业大学出版社有限责任公司
　　　　　　(江苏省徐州市解放南路　邮编 221008)
营销热线　(0516)83885370　83884103
出版服务　(0516)83995789　83884920
网　　址　http://www.cumtp.com　**E-mail**:cumtpvip@cumtp.com
印　　刷　苏州市古得堡数码印刷有限公司
开　　本　787 mm×1092 mm　1/16　**印张** 6　**字数** 154 千字
版次印次　2023 年 6 月第 1 版　2023 年 6 月第 1 次印刷
定　　价　30.00 元

(图书出现印装质量问题,本社负责调换)

前　言

“矿山压力与岩层控制”是煤炭行业采矿工程专业的一门核心必修课程，至今已经历了半个世纪的教学实践，为我国煤炭行业高素质人才培养做出了重要贡献。谭云亮教授等编写的《矿山压力与岩层控制》现在已修订为第 3 版，成为我国矿山压力与岩层控制课程的主要教材之一。

当前，全国范围内还没有针对《矿山压力与岩层控制》教材的习题分析或解答参考书。为帮助学生更好理解和掌握相关知识点，提高灵活运用所学知识和综合分析问题的能力，特编制本习题集。本书按照谭云亮教授主编的《矿山压力与岩层控制（第 3 版）》章节顺序编写，共分为 11 章。每章一般分为“学习指南”“习题解答”“难题解析”等 3 个部分。其中，“学习指南”包含本章概述、学习目的及要求、本章重点难点；“习题解答”部分对教材中该章的所有习题均给出求解思路、解题过程和答案，以帮助读者进行自主学习和练习；“难题解析”部分精选若干典型难题进行深入分析，以拓展读者视野，满足读者深入学习的需要。

在本书编写过程中，参考了山东科技大学矿山压力与岩层控制教研组老师们的大量教学素材，并参阅了国内外不少相关教材和文献资料，在此向所有论著作者表示衷心感谢。还要感谢杨生龙、宋虎、裴洪喜、张宇、高宇栋、付彪等研究生对本书文字修改和图表绘制等做出的贡献。

由于水平所限，书中难免存在不妥之处，敬请读者批评指正。

编　者

2022 年 12 月

目 录

1 绪 论

1.1 学习指南

1.1.1 本章概述

本章分析了煤矿安全事故现状及主要原因，介绍了代表性的矿山压力与岩层控制理论和假说，总结了矿山压力与岩层控制课程的主要任务、内容和学习方法。

1.1.2 学习目的及要求

(1) 了解与矿山压力有关的主要安全事故，以明确矿山压力控制的主要研究任务。

(2) 通过对目前矿山压力与岩层控制研究理论的回顾，明确本课程主要研究内容及学习方法。

1.1.3 本章重点难点

本章重点是通过对矿山压力与岩层控制理论和假说的学习，理解各理论提出背景、解决问题方法及不足之处，认识矿山压力与岩层控制研究对矿山安全开采的重要性。

1.2 习题解答

1. 顶板事故频繁发生的基本原因是什么?

答:(1) 没有很好地研究和掌握各个具体煤层开采需要控制的岩层范围及其运动规律(包括运动发生的时间和条件等)，顶板控制设计缺少理论基础。

(2) 没有深入地研究和掌握各种类型支架的特性，特别是在生产现场所能达到的实际支撑能力;没有解决针对具体煤层条件选好用好支护手段的问题。

(3) 没有更好地揭示支架与顶板运动间的关系，以正确、合理地选择矿压控制方案。

2. 矿山压力与岩层控制研究的主要任务是什么?

答:(1) 研究随采煤工作面推进，在其周围煤层及岩层中重新分布的应力(包括应力大小及方向)及其发展变化规律，这是采煤工作面矿山压力研究的重点。

(2) 研究采煤工作面支架上显现的压力及其控制方法。

(3) 研究在采煤工作面周围不同部位开掘和维护的巷道的矿山压力显现及其控制

办法。

(4) 控制采动岩层活动的主要因素分析。

(5) 研究深部开采采煤工作面支承压力分布、岩层结构及运动特点和围岩大变形的控制机制等。

3. 矿山压力与岩层控制研究历史上主要存在几种假说？叙述各假说的内容及优缺点。

答：代表性假说可以大致归纳为5类，分别是掩护“拱”假说、掩护“梁”假说、铰接岩块假说、砌体梁结构假说和传递岩梁假说。

(1) 掩护“拱”假说认为，采动空间上部覆岩形成拱结构，采掘活动在该结构掩护之下，代表性的有自然平衡拱假说和压力拱假说。该假说对于采煤工作面前后的支承压力及回采工作空间处于减压范围做出了解释，但对于拱的特性，岩层变形、移动和破坏的发展过程以及支架与围岩的相互作用，并没有做进一步分析。

(2) 掩护“梁”假说认为，采动空间上覆岩层形成梁结构，将自身重力传递至前后两端支撑岩体上，代表性的有悬臂梁假说和预生裂隙梁假说。该假说在解释采煤工作面支架上压力显现的规律方面有了重要进展，但无法直接用于采煤工作面矿压控制的定量计算。

(3) 铰接岩块假说认为，采煤工作面上覆岩层的破坏分为无规则垮落带和其上的规则移动带，二者对支架上的压力显现起决定作用，其中后者在工作面回采后断裂岩块相互铰合而形成一条多环节的铰链，规则地在采空区上方下沉。该假说正确地阐明了工作面上覆岩层的分带情况，并初步涉及岩层内部的力学关系及可能形成的结构，但未能对铰接岩块间的平衡条件做进一步探讨。

(4) 砌体梁结构假说认为，采煤工作面上覆岩层基本顶断裂后回转，断裂岩块在水平力及相互间摩擦力作用下，形成形如砌体的平衡结构。该假说给出了破断岩块的咬合方式及平衡条件，讨论了基本顶破断时在岩体中引起的扰动，解释了采场矿山压力显现规律。

(5) 传递岩梁假说认为，采煤工作面基本顶断裂岩块相互咬合，始终能向煤壁前方及采空区矸石上传递作用力，支架无须承担岩梁全部作用力，支架承担的岩梁作用力大小由对岩梁运动的控制情况决定。该假说明确了上覆岩层沿纵向和推进方向的运动规律，提出了支架对岩梁运动存在“给定变形”和“限定变形”两种工作状态，推动了工作面顶板控制设计的量化进程。

【知识扩展】

(1) 掩护“拱”假说

根据拱的性质及形成条件的不同，该假说可分为自然平衡拱假说和压力拱假说。主要观点是：① 采动形成的工作空间是在一种拱结构的掩护之下的；② 拱结构承担上覆岩层的重力，通过拱脚传递到煤层及岩体上的压力及由此在煤岩体中形成的压力，是煤层及岩层破坏的原因，也是拱结构自身向外扩展的条件；③ 采煤工作面空间的支护仅承担拱内已破坏岩层的重力，支护在拱结构所圈定的破碎岩石荷载下工作。

该假说的缺陷是：自然平衡拱假说没有从岩石破坏和应力重新分布的角度来揭示自然平衡拱形成的机理，没有深入研究围岩中应力分布和稳定的条件，所以不能用以解释采煤工作面产生的矿山压力问题；压力拱假说没有明确压力拱的性质及其与岩层运动发展情况间的关系，没有正确地揭示采煤工作面支架与围岩间的力学关系，不能说明支架有可能在“一定变形”条件下工作的事实，无法解释采煤工作面支架上显现的压力往往与支架本身力学特性有关的现象。

(2) 掩护"梁"假说

代表性的有悬臂梁假说和预生裂隙梁假说。主要观点是:① 采煤工作面是在一系列梁的掩护之下的;② 梁的破坏(垮落)和沉降是采煤工作面支架上压力显现的根源;③ 支架存在"给定载荷"和"给定变形"两种工作状态;④ 支架的阻抗力(支架反力)相对岩层压力来说是微不足道的,因此不可能对顶板下沉量产生影响。

该假说的缺陷是:悬臂梁假说无法建立起结构范围明确的具体力学模型来解决采煤工作面矿压控制方面的问题,不能对采煤工作面上覆岩层的结构状态做出更全面的描述。预生裂隙梁假说未能正确回答采煤工作面支架需要控制的岩层范围问题,没有进一步研究采煤工作面支架反力及其对预生裂隙梁控制的力学关系,无法直接用于采煤工作面矿压控制的定量计算。

(3) 铰接岩块假说

该假说由苏联学者库兹涅佐夫提出,主要观点是:用垮落法控制顶板的采煤工作面,支架上的压力显现是由已垮落岩层和呈铰接状态岩层两部分岩层运动所决定的。该假说比较深入地揭示了采煤工作面上覆岩层的发展状况,特别是岩层垮落实现的条件;正确地提出了采煤工作面支架在"给定载荷"和"给定变形"两种状态下工作的概念;相当深入地研究和揭示了采煤工作面支架与围岩间的部分关系。

该假说的缺陷是:未能确定呈铰接状态的基本顶形成的条件和具体的范围;未能更全面地研究和揭示支架与这部分岩梁运动间的关系;没有将采煤工作面顶板控制设计提高到科学定量的程度。

(4) 砌体梁结构假说

该假说由中国矿业大学钱鸣高院士为代表的科研人员提出,主要观点是:在基本顶岩梁达到断裂步距后,随工作面继续推进,岩梁将会折断,但断裂后的岩块排列整齐,在相互回转时形成挤压,由于岩块间的水平力及相互间形成的摩擦力的作用,在一定条件下能够形成外表似梁实为半拱的结构,称为砌体梁结构。20世纪末,钱鸣高院士、缪协兴教授等在此基础上提出了关键层理论。关键层是指在采煤工作面上覆岩层中部分或直至地表的全部岩层活动中起控制作用的岩层,其断裂将导致全部或相当部分的上覆岩层产生整体运动,将引起明显的岩层运动和矿压显现。

该假说具体地给出了破断岩块的咬合方式及平衡条件,讨论了基本顶破断时在岩体中引起的扰动,很好地解释了采场矿山压力显现规律,为采场矿山压力的控制及支护设计提供了理论依据。

(5) 传递岩梁假说

该假说由山东科技大学宋振骐院士等提出,又称为以上覆岩层运动为中心的矿山压力理论,主要观点是:采煤工作面基本顶断裂后岩块相互咬合,始终能向煤壁前方及采空区矸石上传递作用力,支架无须承担岩梁全部作用力,支架承担的岩梁作用力大小由对岩梁运动的控制情况决定。该假说的核心要点,见本章第4题答案。

4. 以上覆岩层运动为中心的矿压理论的核心要点是什么?

答:(1) 强调"矿山压力"与"矿山压力显现"两个基本概念间的区别和联系:矿山压力(即采动后促使围岩运动的力)的存在是绝对的,在任何已采空间的周围岩体中都存在着;矿山压力显现(包括围岩变形、位移和破坏,以及支架受力、下缩和折损等)则是相对的,有条件的,因而也是可以控制的。从理论上为准确地解释各种矿山压力现象以及利用容易监测到的“矿压显现”推断矿山压力分布及上覆岩层运动状况提供了基础。

(2) 存在于围岩中的矿山压力和由矿山压力作用而引起的矿山压力显现,都随采煤工作面推进而处于不断的发展和变化过程中,其根本原因是上覆岩层的运动。以研究上覆岩层运动为中心,把深入揭示矿山压力及其显现与上覆岩层运动间的关系放在核心地位。通过现场实测、相似材料试验、数值模拟以及理论分析,深入研究和揭示了矿山压力及其显现与上覆岩层间的关系以及它们随采场推进发展变化的规律。

(3) 影响采煤工作面矿山压力显现的岩层范围是有限的(一般包括直接顶及基本顶两个部分)、可知的(可以通过它们运动时对采场矿压显现的影响找到)和可变的(通过改变采高、开采程序、顶板处理方法等采动条件使之变化),因而也是可以人为控制的。支架承担岩梁作用力的大小,由对岩梁位态的控制情况决定。

(4) 研究基本顶来压时刻的支架-围岩关系,包括支架对直接顶的控制方式和对基本顶岩梁的控制方式两部分。为了控制直接顶,只能采取给定载荷的工作方式,即必须考虑直接顶的作用力全部由支架承担。对于基本顶岩梁的控制,可以采取以下两种工作方式:

① 给定变形工作方式。岩梁的位态(或在既定控顶距处的顶板下沉量)由岩梁自身的强度和两端支承的刚度条件决定,没有受到支架阻抗力的限制。

② 限定变形工作方式。岩梁的位态受到支架阻抗力的限定,支架的阻抗力越大,岩梁的位态越高(即在既定控顶距处的顶板下沉量越小)。

(5) 通过理论研究与广泛实践,创造性地提出并建立了“两个应力场”(即内、外应力场)的理论,为在生产现场通过观测支承压力显现发展变化规律,预测预报采场顶板运动(来压),推断支承压力大小分布以及正确建立采场围岩矿压(包括工作面及巷道矿压)控制设计结构力学模型提供了基础,特别是为进行沿空掘巷合理位置及时间的选择提供了理论基础。

(6) 在对采场支架井下实际工作状况进行大量实测的基础上,提出了采场支架实际支撑能力的概念,分析和研究了有关影响因素,提出了相应的计算方法,从而为合理选择采场支护形式、确定合理支护密度提供了基础和依据。

2 矿山岩体变形与破坏力学基础

2.1 学习指南

2.1.1 本章概述

矿山采掘工程的施工对象是煤岩介质，煤岩体内部存在着初始应力，矿山开采过程必将导致煤岩内部应力重新分布，平衡后形成二次应力场。掌握矿山煤岩体变形特征以及硐室围岩二次应力分布规律十分重要。

本章主要介绍岩体变形特性、岩体破坏机理与强度准则、硐室开挖后围岩二次应力分布及控制原理，是后续课程学习的理论基础。

2.1.2 学习目的及要求

(1) 了解岩体的变形特性，理解岩体的流变特性。

(2) 了解岩体破坏机理与强度准则，掌握莫尔-库仑强度理论。

(3) 掌握弹塑性条件下深埋圆形硐室周边二次应力分布特征，理解地下硐室围岩控制原理。

2.1.3 本章重点难点

本章的重点是理解并掌握与原岩应力及二次应力相关的知识点，包括岩体的流变特性、自重应力场的计算方法、莫尔-库仑强度理论、围岩二次应力分布特征。本章的难点是莫尔-库仑强度理论、深埋圆形硐室围岩应力分布规律。

2.2 习题解答

1. 简述岩体典型应力-应变曲线的特征。

答：岩体典型应力-应变曲线如图 2-1 所示，分为三个阶段。第一阶段曲线上凹，开始的曲率较大，这是节理闭合和填充物的变形所造成的，在这种情况下，岩体不属于线弹性体。

第二阶段曲线基本为直线，属于线弹性阶段，如果反复加卸载，大部分的变形是可逆的，但也有小部分变形不可逆，主要是填充物的变形。

第三阶段曲线下凹，表示岩石开始产生塑性变形或开始破裂，并伴有结构面的剪切滑移

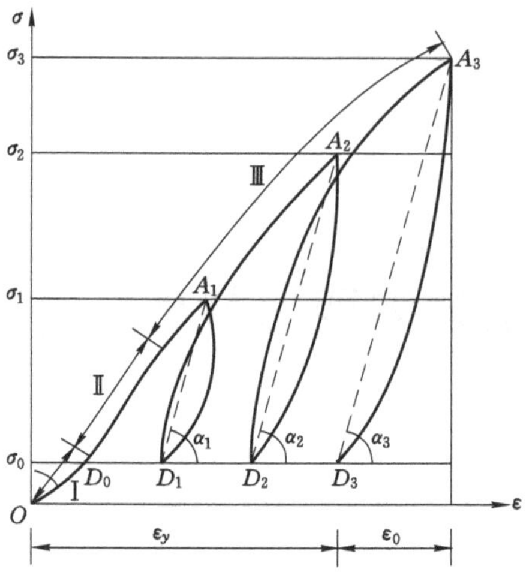

图 2-1 岩体典型应力-应变曲线

变形。在此段曲线内，横向应变速率通常变大，岩石的体积也从减小转为增大，若继续加载至峰值应力 A_3 点，岩体即会破坏。

通常将第二阶段与第三阶段之间的过渡点处的应力称为比例极限。从整条曲线上看，曲线从上凹向下凹转变，呈 S 形。

2. 岩石流变性的定义是什么？具体流变类型包括哪几种？

答：(1) 各种岩土工程都与时间因素有关，时间对岩石变形特性的影响称为岩石的变形时间效应，与时间因素有关的应力-应变现象统称为流变。

(2) 岩石的流变性质可分为蠕变、松弛、弹性后效和黏性流动。

① 蠕变：应力不变条件下，应变随时间延长而增加的现象。

② 松弛：应变一定时，应力随时间延长而减小的现象。

③ 弹性后效：加载（或卸载）后经过一段时间应变才增加（或减小）到一定数值的现象。

④ 黏性流动：岩石在蠕变发生一段时间以后卸载，部分变形永久不能恢复的现象。

3. 简述莫尔-库仑强度理论，并用力学公式进行表征描述。

答：(1) 莫尔-库仑理论认为：当材料某一面上的剪应力超过其所能承受的极限剪应力 τ 时，材料便破坏。这种极限剪应力 τ 又是作用于该面上法向应力 σ 的函数，可用库仑强度公式表示。

(2) 莫尔-库仑强度公式为：

$$\tau = c + \sigma \tan \varphi \tag{2-1}$$

式中 τ——正应力 σ 作用下的极限剪应力，MPa；

c——岩石的内聚力，MPa；

φ——岩石的内摩擦角，(°)。

从莫尔-库仑强度理论的几何关系看（图 2-2），其特征如下：

① 极限应力圆与莫尔-库仑直线型强度线相切。

② 破坏面与最大主应力作用面之间的夹角是一个定值，与应力状态无关。破坏角为

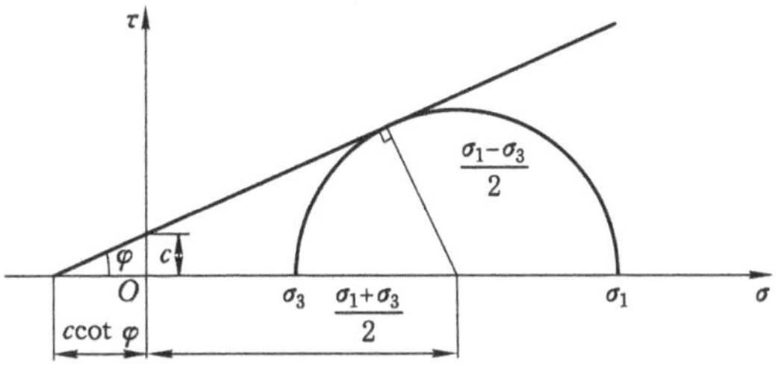

图 2-2 莫尔-库仑强度理论曲线

45°$+\varphi/2$。

③ 强度线在 σ 轴上的截距为 $c\cot\varphi$，它并不是岩石的抗拉强度。

4. 原岩应力的概念是什么？其构成部分有哪些？

答：(1) 未受采动(工程扰动)影响而又处于自然平衡状态的岩体，被称为原岩。原岩应力是指岩体在天然状态下所存在的内在应力，也称岩体初始应力。

(2) 根据力源的不同，原岩应力可分为上覆岩层引起的自重应力、构造运动产生的构造应力以及岩体膨胀产生的膨胀应力。对于岩体工程来说，主要考虑自重应力和构造应力组成的初始应力场。

5. 简述自重应力的计算方法，并分析仅考虑自重条件下的原岩应力场分布规律。

答：(1) 自重应力可简单地用与采深的线性关系表示，即

$$\begin{cases}\sigma_v=\sum_{i=1}^{n}\gamma_i H_i\\ \sigma_h=\lambda\sigma_v\end{cases}\tag{2-2}$$

式中 σ_v——垂直地应力，kPa；

σ_h——水平地应力，kPa；

γ_i——岩体重力密度，kN/m^3；

H_i——采深，m；

λ——侧压力系数。

(2) 根据理论研究、地质调查和大量的地应力测量资料，原岩应力场分布的主要规律如下：

① 实测垂直应力基本上等于上覆岩层重力。

② 水平应力普遍大于垂直应力。

③ 水平应力与垂直应力的比值随着深度的增加而减小。

④ 最大主应力和最小主应力一般相差较大，显示出很强的方向性。

6. 如何计算弹塑性状态下，深埋圆形硐室围岩二次应力？

答：硐室形成后，若围岩压力超过岩体屈服极限，浅部围岩将进入塑性状态。处于塑性区的岩体应满足平衡方程和塑性条件，弹性区岩体应满足平衡方程和弹性条件，因此在弹、塑性区交界处岩体应同时满足塑性条件和弹性条件。基于此，根据平衡方程、塑性条件和弹性条件，结合边界条件，即可获得围岩弹性区和塑性区岩体的应力公式。

弹性区：
$$\begin{cases}\sigma_r^e = p_0\left(1-\dfrac{R_p^2}{r^2}\right)+\sigma_R\dfrac{R_p^2}{r^2}\\[2ex]\sigma_\theta^e = p_0\left(1+\dfrac{R_p^2}{r^2}\right)-\sigma_R\dfrac{R_p^2}{r^2}\end{cases} \tag{2-3}$$

塑性区：
$$\begin{cases}\sigma_r^p = \dfrac{\sigma_c}{\xi-1}\left[\left(\dfrac{1}{R_0}\right)^{\xi-1}-1\right]\\[2ex]\sigma_\theta^p = \dfrac{\sigma_c}{\xi-1}\left[\xi\left(\dfrac{1}{R_0}\right)^{\xi-1}-1\right]\end{cases} \tag{2-4}$$

【知识扩展】

硐室开挖后，破坏了原有岩体自身的应力平衡，促使岩体应力调整。当硐壁的二次应力超出岩体的屈服应力时，则硐壁岩体将产生半径为 R_p 的塑性区，如图 2-3 所示。假设硐室围岩均质、各向同性，变形破坏遵循莫尔-库仑强度理论，围岩处于静水压力($\lambda=1$)作用下。下面首先计算塑性区内应力分布。

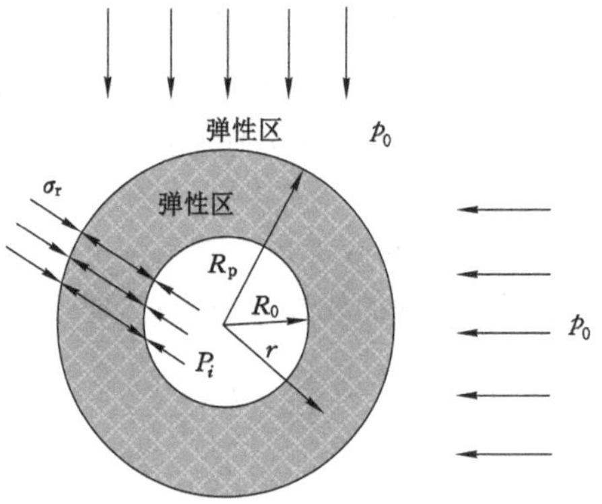

图 2-3　圆形巷道的弹塑性区分布

根据莫尔-库仑强度理论，岩石起塑条件为：

$$\sigma_1 = \xi\sigma_3 + \sigma_c \tag{1}$$

由于围岩处于静水压力作用下，可以认为切向应力 σ_θ 为最大主应力，而径向应力 σ_r 为最小主应力，因此，岩体的起塑条件可改写成下式：

$$\sigma_\theta = \xi\sigma_r + \sigma_c \tag{2}$$

式中，$\xi=\dfrac{1+\sin\varphi}{1-\sin\varphi}$，$\sigma_c=\dfrac{2c\cos\varphi}{1-\sin\varphi}$。

根据弹塑性力学原理，除了塑性区内的应力应满足起塑条件外，其静力平衡方程、几何方程都可保持不变。

静力平衡方程为：

$$\sigma_\theta^p = \frac{d(r\sigma_r^p)}{dr} \tag{3}$$

为了与弹性区的应力有所区别，式(3)在表示应力符号上加上角标 p，以示为塑性区的应力。将岩体的起塑条件代入式(3)则得：

$$\frac{d\sigma_\theta^p}{dr} - \frac{\xi-1}{r}\sigma_\theta^p = \frac{\sigma_c}{r} \tag{4}$$

解此微分方程得：

$$\begin{cases}\sigma_\theta^p = \dfrac{\sigma_c}{-\xi+1}+Cr^{\xi-1}\\[2ex]\sigma_r^p = \dfrac{1}{\xi}\left(\dfrac{\xi\sigma_c}{-\xi+1}+Cr^{\xi-1}\right)\end{cases}\tag{5}$$

利用边界条件 $r=R_0$ 时，$\sigma_\theta^p=0$，求出积分常数：

$$C=\frac{\xi\sigma_c}{\xi-1}\left(\frac{1}{R_0}\right)^{\xi-1}\tag{6}$$

由此通过式(5)、式(6)即可求出塑性区各应力分量：

$$\sigma_r^p=\frac{\sigma_c}{\xi-1}\left[\left(\frac{1}{R_0}\right)^{\xi-1}-1\right]\tag{7}$$

$$\sigma_\theta^p=\frac{\sigma_c}{\xi-1}\left[\xi\left(\frac{1}{R_0}\right)^{\xi-1}-1\right]\tag{8}$$

$$\tau_{r\theta}^p=0\tag{9}$$

在讨论弹性区内的应力、位移问题时，必须考虑塑性区的存在对弹性区的影响，可将塑性区边界上的径向应力作为对弹性区作用的外力，以此代替塑性区的影响，并以开挖半径为 R_p 的硐室的计算模式，分析弹性区内的应力分布。此时，计算模式的边界条件为：

$$\begin{cases}r=R_p, & \sigma_r^e=\sigma_r^e=\sigma_R\\ r\to\infty, & \sigma_r^e=p_0\end{cases}\tag{10}$$

将式(10)代入下式

$$\begin{cases}\sigma_r=\dfrac{E}{1-\mu^2}\left[(1+\mu)C_1-(1-\mu)\dfrac{C_2}{r^2}\right]\\[2ex]\sigma_\theta=\dfrac{E}{1-\mu^2}\left[(1+\mu)C_1+(1-\mu)\dfrac{C_2}{r^2}\right]\end{cases}\tag{11}$$

求得积分常数：

$$\left.\begin{aligned}C_1&=\frac{1-\mu}{E}p_0\\ C_2&=\frac{1+\mu}{E}(p_0-\sigma_R)R_p^2\end{aligned}\right\}\tag{12}$$

将所求得的积分常数代入原微分方程的解，即可求得弹塑性分布状态下弹性区的应力、位移计算公式：

$$\left.\begin{aligned}\sigma_r^e&=p_0\left(1-\frac{R_p^2}{r^2}\right)+\sigma_R\frac{R_p^2}{r^2}\\ \sigma_\theta^e&=p_0\left(1+\frac{R_p^2}{r^2}\right)-\sigma_R\frac{R_p^2}{r^2}\\ u_0&=\frac{p_0}{E}\left[(1-\mu)r+(1+\mu)\frac{R_p^2}{r}\right]-\frac{1+\mu}{E}\sigma_R\frac{R_p^2}{r}\end{aligned}\right\}\tag{13}$$

式(3)是平面应力的计算公式，因此，应将位移公式转换成平面应变条件下的计算公式，即有：

$$\left.\begin{aligned}\sigma_r^e &= p_0\left(1-\frac{R_p^2}{r^2}\right)+\sigma_R\frac{R_p^2}{r^2}\\ \sigma_\theta^e &= p_0\left(1+\frac{R_p^2}{r^2}\right)-\sigma_R\frac{R_p^2}{r^2}\\ u_0 &= \frac{p_0(1+\mu)}{E}\left[(1-2\mu)r+\frac{R_p^2}{r}\right]-\frac{1+\mu}{E}\sigma_R\frac{R_p^2}{r}\end{aligned}\right\} \tag{14}$$

由上述公式可见，弹塑性分布状态下的弹性应力、位移表达式与纯弹性分布的表达式很接近，多了一项由于塑性区边界上径向应力 σ_R 的作用所带来的增量。因此，其应力、位移和应变的分布规律也大致相同。就位移而言，与前述相同，工程上只关心的是由于开挖所产生的位移增量，即

$$\Delta u = \frac{1+\mu}{E}(p_0-\sigma_R)\frac{R_p^2}{r} \tag{15}$$

从公式中可以发现，位移增量变小了。很明显，这是塑性区的存在限制了弹性区的变形所导致的。

7. 简述地下硐室围岩压力成因及分类。

答：(1) 地下硐室围岩压力的形成与硐室开挖后围岩的变形、松动及破坏密切相关，围岩变形量的大小及松动程度与破坏决定着围岩压力的大小。岩性及结构不同的围岩，围岩压力的成因也不同。

① 在坚硬而完整的岩体中，由于硐室围岩应力一般小于岩体极限强度，所以岩体只发生弹性变形而无塑性流动，岩体没有松动及破坏。如果在开挖后对硐室进行支护或设置衬砌，则支护及衬砌上将几乎没有围岩压力。

② 在中硬且发育有结构面的岩体中，由于硐室围岩变形较大，不仅发生弹性变形，而且伴有塑性流变，所以在设置支护或衬砌之后，围岩压力主要是围岩较大的变形所引起的，而岩体的松动、破坏及塌落很小。

③ 在软弱而破碎的岩体中，由于岩体结构面极为发育，并且极限强度很低，硐室重新分布的应力很容易超过岩体强度而引起围岩松动、破坏与坍落，是产生围岩压力的主要原因。松动压力占据主导地位，而变形压力则是次要的。

(2) 根据产生围岩压力的机理不同，可将围岩压力分为松动压力、形变压力、冲击压力和膨胀压力四类。

① 松动压力：松动的岩体或者施工爆破所破坏的岩体等在自重的作用下，掉落在硐室上产生的压力称为松动压力。

② 形变压力：当岩体开挖后，围岩应力调整，并逐渐向硐室内产生变形，支护将限制岩体产生向内的变形，此时岩体作用在支护上的力称为形变压力。

③ 冲击压力：岩石被挤压到超过其弹性限度，岩体内积聚的能量突然释放造成岩石破坏现象，此过程中作用在围岩和支护上的力称为冲击压力。

④ 膨胀压力：在黏土质页岩或凝灰岩之类岩体中开挖硐室，围岩向硐室内鼓胀，但不失其整体性，这种由于硐室围岩膨胀而产生的压力称为膨胀压力。

8. 简述围岩压力的控制原理。

答：(1) 巷道围岩变形和塑性区范围的发展取决于围岩应力和围岩强度之间的相对关系，要辩证地看待两者之间的相对关系。

(2) 要充分利用和发挥压缩区域的承载能力，允许围岩变形。

(3) 综合考量巷道围岩稳定性、围岩应力和围岩变形、巷道服务时间等因素，根据实际情况进行一次或二次、多次支护，合理选择支护阻力和支架可缩量。

(4) 通过围岩钻孔注浆、锚杆(索)支护等方法，优化围岩受力条件和赋存环境，提高围岩强度。

(5) 将巷道布置在应力经重新分布后岩体已处于卸载状态的低应力区，从时间和空间上躲避高应力作用。

(6) 综合考虑可靠性、经济性和使用方便。

(7) 将支护与围岩看作一个系统来进行考虑，遵循“支护-围岩”一体化原则。

(8) 在合理设计、施工的基础上，将监测作为调整支护的必要手段，遵循设计、施工、监测一体化原则。

2.3 难题解析

1. 简要介绍不同结构类型岩体的常见应力-应变曲线类型。

答：不同结构类型的岩体，其变形特征会有所不同，对应的应力-应变曲线也存在一定差异，根据曲线形态可分为直线型、上凹型、下凹型和复合型等 4 种，如图 2-4 所示。

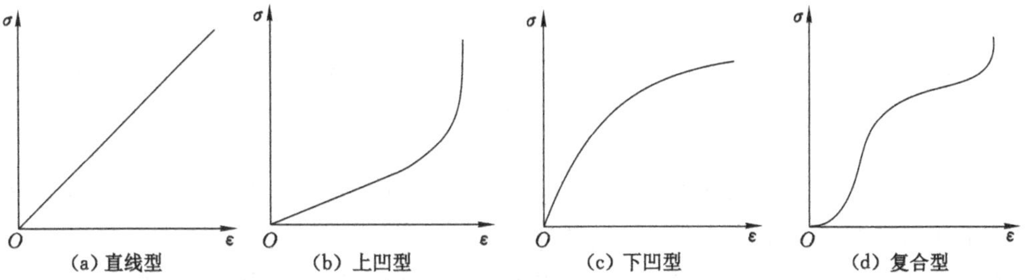

图 2-4 应力-应变曲线图

直线型：岩体应力-应变曲线是一条经过坐标原点的直线；上凹型：岩体应力-应变曲线是一条经过坐标原点的上凹曲线；下凹型：岩体应力-应变曲线是一条经过坐标原点的下凹曲线；复合型：岩体应力-应变关系曲线呈阶梯状。

【知识扩展】

(1) 直线型

直线型岩体变形曲线是一条经过坐标原点的直线，其方程为：

$$\begin{cases} \sigma = f(\varepsilon) = K_{\varepsilon} \\ \dfrac{d\sigma}{d\varepsilon} = K \\ \dfrac{d^2\sigma}{d\varepsilon^2} = 0 \end{cases} \tag{1}$$

式中，K 为比例常数，表示应变 ε 随着应力 σ 的增加成正比例增大。

(2) 上凹型

上凹型岩体变形曲线是一条经过坐标原点的上凹曲线，其方程为：

$$\begin{cases} \sigma = f(\varepsilon) \\ \dfrac{d\sigma}{d\varepsilon} = F(\sigma) \quad （增函数） \\ \dfrac{d^2\sigma}{d\varepsilon^2} > 0 \end{cases} \tag{2}$$

式中，σ为ε的非线性函数，并且随着ε增大而加速增加（σ随着ε增大开始增加的速度较小，后来增加的速度越来越大，属于变加速度的增加过程）。$d\sigma/d\varepsilon$为σ的非线性函数，并且随σ增大而加速增大（也属于变加速度的增加过程）。

（3）下凹型

下凹型岩体变形曲线是一条经过坐标原点的下凹曲线，其方程为：

$$\begin{cases} \sigma = f(\varepsilon) \\ \dfrac{d\sigma}{d\varepsilon} = F(\sigma) \quad （增函数） \\ \dfrac{d^2\sigma}{d\varepsilon^2} < 0 \end{cases} \tag{3}$$

式中，σ为ε的非线性函数，并且开始时σ随着ε增大而加速增加，后来σ的增加速度减慢，最终σ可能趋于某一定值。$d\sigma/d\varepsilon$为σ的非线性函数，并且随σ增大而递减，最终$d\sigma/d\varepsilon$也许变为零。

（4）复合型

复合型岩体应力-应变关系曲线呈阶梯状。若组成岩体的岩石或结构体性质不均匀，或者结构面在岩体中分布不均匀，即岩体的性质及结构不均匀时，岩体变形曲线一般均为复合型曲线。

2. 试对比分析最大正应力强度理论、最大正应变强度理论、最大剪应力强度理论、莫尔强度理论和格里菲斯强度理论及其适用条件。

答：(1) 最大正应力强度理论认为，只要有一个主应力达到岩体（石）的单轴抗压强度R_c或单轴抗拉强度R_t，岩体即被破坏。该理论适用于岩体单向受力状态或脆性岩石在二维应力条件下的受拉状态。

(2) 最大正应变强度理论认为，只要变形岩体中任意方向的最大正应变ε_{max}达到其单轴压缩或单轴拉伸时的极限剪应变ε_d，岩体（石）便被破坏。该理论适用于无围压或低围压条件下的脆性岩体（石），不适用于岩体的塑性变形。

(3) 最大剪应力强度理论认为，当岩体承受的最大剪应力τ_{max}达到其单轴压缩或单轴拉伸极限剪应力τ_m时，岩体便被剪切破坏。该理论没有考虑中间主应力σ_2的影响，适用于岩体弹塑性岩石，不适用于脆性岩石。

(4) 莫尔强度理论认为，当材料某一面上剪应力超过其所能承受的极限剪应力τ时，材料便被破坏，而这种极限剪应力τ又是作用于该面上法向应力σ的函数。该理论适用于塑性岩石和脆性岩石的剪切破坏，此外还体现了岩石抗拉强度远小于抗压强度的性质，且能够解释岩石在三向等拉条件下会被破坏，而在三向等压时将不被破坏。

(5) 格里菲斯强度理论认为，在脆性材料的内部存在着许多裂隙，随着作用的外力逐渐增大，裂隙将沿着与最大拉应力成直角的方向扩展，当作用在裂纹尖端处的有效应力达到形成新裂纹所需的能量时，裂纹开始扩展。该理论阐明了脆性材料破坏的原因、破裂所需的能量以及破裂扩展的方向，但仅考虑岩石开裂而非宏观上破坏，适用于脆性岩石。

3. 试阐述地下硐室围岩压力的形成及演化过程。

答：地下硐室围岩压力随时间的发展过程包括 3 个阶段。

第一阶段：硐室开挖引起围岩变形，在硐壁上产生挤压作用，同时在左、右两侧围岩中形成楔形岩块，这两个楔形岩块具有向硐内移动的趋势，从而硐室两侧又产生压力，如图 2-5(a)所示。

第二阶段：当硐室左、右两侧围岩中的侧向楔形岩块发生移动及变形之后，硐室的跨度似乎增大了，在围岩内形成一个椭圆形高压力区，该压力区边界线与硐壁之间的岩体发生松动，如图 2-5(b)所示。

第三阶段：位于硐顶和硐底的松动岩体开始发生变形，并且向着硐内移动，其中硐顶松动岩体在重力作用下有掉落到硐内的危险，围岩压力逐渐增加，如图 2-5(c)所示。

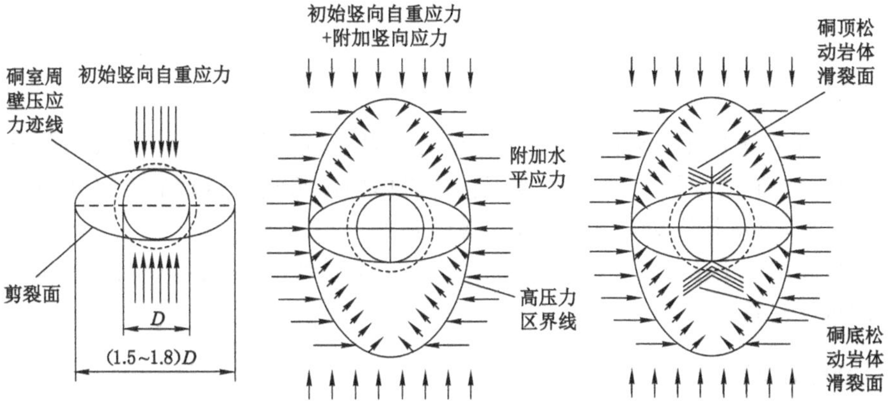

(a) 第一阶段　　(b) 第二阶段　　(c) 第三阶段

图 2-5　地下硐室围岩压力成因及演化过程

3 矿山压力与矿山压力显现

3.1 学习指南

3.1.1 本章概述

采动后重新分布于围岩各个岩层边界上的力及岩层中各点的应力将促使该部分岩体产生变形或破坏,从而向已采空间运动。掌握促使岩体向已采空间运动的力以及相关压力显现规律十分重要,本章是认知矿山灾害动力源的基础。

本章主要介绍矿山压力的概念及来源、矿山压力显现的主要形式,以及矿山压力与矿山压力显现的辩证关系。

3.1.2 学习目的及要求

(1) 掌握矿山压力的概念及来源。

(2) 理解矿山压力显现的条件及相对性。

(3) 掌握矿山压力与矿山压力显现的辩证关系。

3.1.3 本章重点难点

本章的重点是掌握矿山压力的概念及来源,难点是理解和掌握矿山压力与矿山压力显现的辩证关系。

3.2 习题解答

1. 试述采动和矿山压力的概念,并画图说明岩层开采前后应力分布情况。

答:采动:在煤层或岩层中开掘巷道和进行回采工作称为对煤(或岩)层的采动。

矿山压力:采动后作用于岩层边界上或存在于岩层之中的促使围岩向已采空间运动的力(即采动后促使围岩运动的力),称为矿山压力。

假设地表是水平的,岩层水平赋存,且只受到覆岩重力的作用,则该岩层采动前后应力变化的一般情况如图 3-1 所示。

2. 简述矿山压力的来源及各因素对原始应力场的影响特征。

答:采动前,原始岩层中已经存在的应力,是矿山压力产生的根源,其来源主要有覆岩的

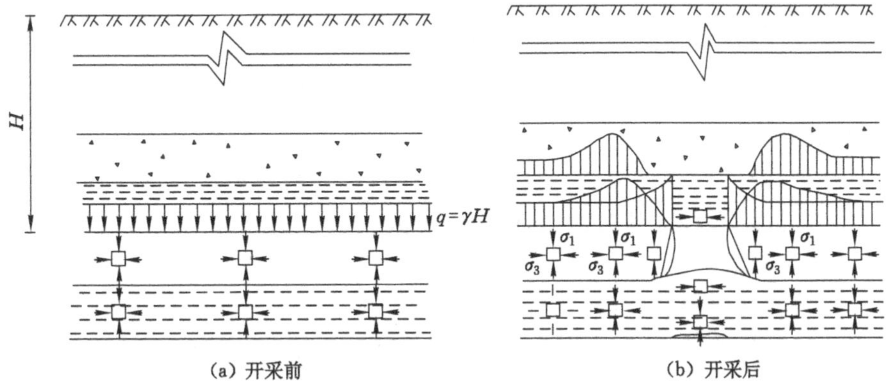

图 3-1　开采前后应力分布

重力、构造运动的作用力和岩体膨胀的作用力。

(1) 由覆岩重力决定的重力应力场特征

① 垂直应力及水平应力都是压应力，水平应力是由垂直应力的作用所引起的。

② 垂直应力随深度的增加而呈正比例增加，但伴生的水平应力在深度超过一定数值以后，随深度则是非线性增加。

③ 采动前，岩层中任何点的垂直平面和水平平面上都不存在剪应力分量。

④ 自重应力场基本上是一个比较均一的稳定应力场。

(2) 受构造运动影响的构造应力场特征

① 构造应力场是一个应力分布很不均匀而且在一定程度上受时间影响的应力场。

② 最大水平压应力与垂直压应力的比值比自重应力场的大得多，水平应力较大及往往高于垂直应力是构造应力场最重要的特征。

③ 最大主应力的方向受构造作用的控制。

④ 岩石强度越高、完整性越好，构造应力的量级越大。

⑤ 埋藏深度越大的岩层，构造应力的量级越大。

⑥ 岩层中有较多的断裂破坏是经历过构造运动的标记，也是确定构造应力场以及最大主应力方向的判据。

(3) 岩体膨胀作用力的应力场特征

岩体膨胀作用力包括岩体因温度升高或遇水膨胀而产生的力。温度升高引起的膨胀应力一般随采深增大而增大。含有蒙脱石等吸水性很强成分的岩石，遇水膨胀可以产生很高的膨胀应力。

3. 试述矿山压力显现的概念。巷道不同位置矿山压力显现的表达式是什么？

答：(1) 采动后，在矿山压力作用下通过围岩运动与支架受力等形式表现出来的矿山压力现象，统称为矿山压力显现。

(2) 矿山压力显现是矿山压力作用下围岩运动的具体表现，包括两帮运动、顶板运动和底板运动等。其中，两帮岩体承受较高应力作用，可按莫尔-库仑强度准则判断其不破坏条件，即 $\sigma_1 < \dfrac{2c\cos\varphi}{1-\sin\varphi}$；顶板岩层在自重作用下，可能发生拉破坏，由于顶板岩层两端嵌固，在

自重作用下所受弯矩超过允许限度将产生拉破坏，则巷道宽度 l 满足 $l \geqslant \sqrt{\frac{2m_1[\sigma]_{拉}}{\gamma}}$ 时将产生顶板拉破坏；由于顶板岩层还受到轴向压力作用，其还可能发生屈曲破坏。

【知识扩展】

巷道顶板岩层不仅受到自身重力的作用，还受到轴向压力 N 的作用，如图 3-2 所示。梁 AB 在自重作用下弯曲变形，轴向压力 N 在梁的各个截面上又产生一个分布弯矩 $N\omega$。这一弯矩作用，将使梁的弯曲在原有基础上进一步加剧。而且梁变形后 N 又将导致新的弯曲变形。若 N 不大，则弯曲变形很小，影响不大。当轴向压力 N 达到一定限度后，由 N 导致的弯曲变形将产生一个恶性循环，梁将无法达到新的平衡状态而导致破坏，即屈曲破坏。

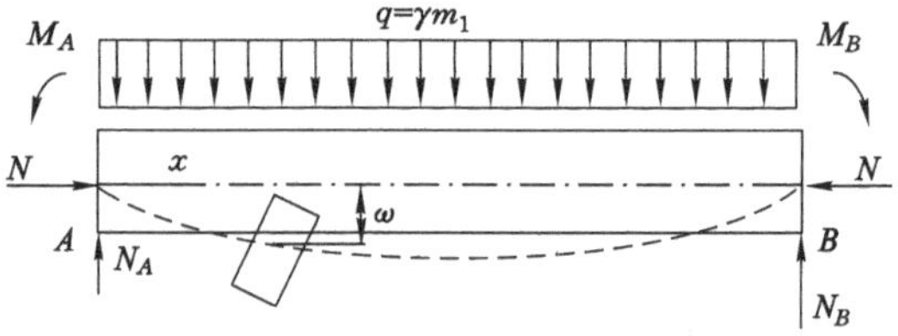

图 3-2　顶板岩层受力示意图

如图 3-2 所示，在 N 及自重作用下，梁的弯曲变形方程为：

$$\frac{d^2\omega}{dx^2} = -\frac{M_x}{EJ} \tag{1}$$

其中：

$$M_x = N_A x - M_A - \frac{1}{2}qx^2 + N\omega$$

$$= \frac{qlx}{2} - \frac{ql^2}{12} - \frac{1}{2}qx^2 + N\omega$$

则

$$\frac{d^2\omega}{dx^2} = -\frac{1}{EJ}\left(\frac{qlx}{2} - \frac{ql^2}{12} - \frac{1}{2}qx^2 + N\omega\right) \tag{2}$$

令

$$K^2 = \frac{N}{EJ}$$

则式(2)化简为：

$$\frac{d^2\omega}{dx^2} + K^2\omega = -\frac{qK^2}{2N}\left(lx - x^2 - \frac{l^2}{6}\right) \tag{3}$$

式(3)是一个标准的二阶常微分方程。齐次方程 $\frac{d^2\omega}{dx^2} + K^2\omega = 0$ 的通解是：

$$\omega_1 = A\cos Kx + B\sin Kx \tag{4}$$

其中 A、B 是两个待定常数。对应于非齐次项 $-\frac{qK^2}{2N}\left(lx - x^2 - \frac{l^2}{6}\right)$ 的特解是：

$$\omega_2 = \frac{q}{2N}\left(x^2 - lx + \frac{l^2}{6} - \frac{2}{K^2}\right) \tag{5}$$

因此，式(3)的通解为：

$$\omega = \omega_1 + \omega_2$$

$$= A\cos Kx + B\sin Kx + \frac{q}{2N}\left(x^2 - lx + \frac{l^2}{6} - \frac{2}{K^2}\right) \tag{6}$$

边界条件为：

$$\begin{cases} \omega\big|_{x=0} = 0 \\ \dfrac{d\omega}{dx}\bigg|_{x=\frac{l}{2}} = 0 \end{cases}$$

代入式(6)并解之，得两待定常数：

$$A = \frac{q}{N}\left(\frac{1}{K^2} - \frac{l^2}{12}\right)$$

$$B = A\tan\frac{Kl}{2} = \frac{q}{N}\left(\frac{1}{K^2} - \frac{l^2}{12}\right)\tan\frac{Kl}{2}$$

将 A、B 代入式(6)，就可得到在 q 及 N 作用下顶板岩层的弯曲变形表达式。很显然，在 $x = \dfrac{l}{2}$ 处，挠度最大，其值为：

$$\omega_{\max} = \omega\big|_{x=\frac{l}{2}} = A\cos\frac{Kl}{2} + B\sin\frac{Kl}{2} + \frac{q}{2N}\left[\left(\frac{l}{2}\right)^2 - \frac{l^2}{2} + \frac{l^2}{6} - \frac{2}{K^2}\right]$$

$$= \frac{q}{NK^2}\left[\left(1 - \frac{l^2K^2}{12}\right)\sec\frac{Kl}{2} - \left(\frac{l^2K^2}{24} + 1\right)\right] \tag{7}$$

由于考虑了 N 的作用，较 q 单独作用时的最大挠度 ω_0 大，ω_0 为：

$$\omega_0 = \frac{1}{384} \times \frac{ql^4}{EJ}$$

$$\frac{\omega_{\max}}{\omega_0} = -\left(\frac{4}{Kl}\right)^2\left[6\left(\frac{2}{Kl}\right)^2\left(1 - \sec\frac{Kl}{2}\right) + 2\sec\frac{Kl}{2} + 1\right] > 1 \tag{8}$$

在 $x = \dfrac{l}{2}$ 处的弯曲拉应力为：

$$\sigma\big|_{x=\frac{l}{2}} = \frac{M_x}{W}\bigg|_{x=\frac{l}{2}} - Nm_1$$

$$= \left[\left(\frac{ql^2}{24} + N\omega_{\max}\right)\frac{m_1^2}{6}\right] - Nm_1$$

$$= \frac{\gamma l^2}{4m_1} + \frac{6\gamma}{m_1K^2}\left[\left(1 - \frac{l^2K^2}{2}\right)\sec\frac{Kl}{2} - \left(\frac{l^2K^2}{24} + 1\right)\right] - Nm_1 \tag{9}$$

式(9)中的第二部分是由于 N 的作用而附加的一项。若 $\dfrac{Kl}{2}$ 满足下述关系式：

$$\frac{Kl}{2} = \frac{\pi}{2} + n\pi\ (n = 0, 1, 2, \cdots)$$

即

$$\frac{Nl^2}{EJ} = \pi^2\ (1 + 2\pi)^2 \tag{10}$$

此时，$\sec\dfrac{Kl}{2} \to \infty$，意味着梁失去抵抗轴向压力 N 的能力，发生屈曲破坏现象。使梁达到屈曲时的最小轴向压力 N_{cr} 为（$n = 0$）：

$$N_{cr} = \frac{\pi^2 EJ}{l^2} \tag{11}$$

若将 $\frac{1}{2}Kl$ 用 N_{cr} 表示，则有：

$$\frac{1}{2}Kl=\frac{1}{2}\sqrt{\frac{Nl^2}{EJ}}=\frac{\pi}{2}\sqrt{\frac{N}{N_{cr}}}$$

$$\frac{\omega_{max}}{\omega_0}=-\left(\frac{4}{\pi}\sqrt{\frac{N_{cr}}{N}}\right)^2\left[6\left(\frac{2}{\pi}\sqrt{\frac{N_{cr}}{N}}\right)^3\left(1-\sec\frac{\pi}{2}\sqrt{\frac{N}{N_{cr}}}\right)+2\sec\left(\frac{\pi}{2}\sqrt{\frac{N}{N_{cr}}}+1\right)\right] \quad (12)$$

$\frac{N}{N_{cr}}$ 与 $\frac{\omega_{max}}{\omega_0}$ 间的关系，如图 3-3 所示。从图中可以看出：当 $\frac{N}{N_{cr}}\leqslant 0.6$ 时，$\frac{\omega_{max}}{\omega_0}$ 变化很小；当 $0.6<\frac{N}{N_{cr}}<0.8$ 时，$\frac{\omega_{max}}{\omega_0}$ 变化幅度增大；而当 $\frac{N}{N_{cr}}\geqslant 0.8$ 时，$\frac{\omega_{max}}{\omega_0}$ 明显增大，以致趋于无穷大。这就是说，巷道顶板岩层所受轴向压力 $N>0.8N_{cr}$ 时，变形（下沉）明显增大，严重时产生冒落。

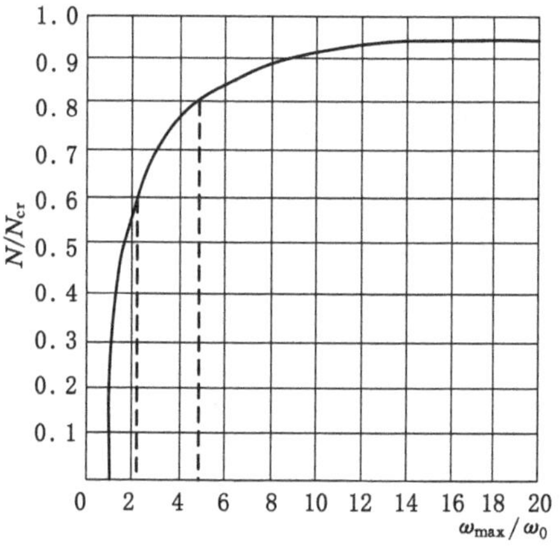

图 3-3 $\frac{N}{N_{cr}}$ 与 $\frac{\omega_{max}}{\omega_0}$ 间的关系

假设巷道围岩侧压系数为 λ，巷道周边支承压力为 $K_Z\gamma H$，则顶板岩层所受到的轴向压力 N 可近似认为是：

$$N=\lambda K_Z\gamma H \quad (13)$$

很显然，当 $\lambda K_Z\gamma H\geqslant 0.8N_{cr}$ 时，顶板下沉明显增大，如果不及时加以限制，就会引起冒顶事故。将 N_{cr} 代入此不等式，化简得：

$$\frac{K_Z Hl^2}{Em_1^3}\geqslant\frac{\pi^2}{15\gamma\lambda} \quad (14)$$

由式(14)可得出以下结论：

(1) 巷道所处层位越深，跨度越大，顶板岩层强度越低及厚度越小，则越容易产生屈曲破坏，其中 m_1 的作用最为明显，l 次之，H 与 E 的影响最小。

(2) 图 3-4 中(a)、(b)、(c)表示采深分别为 300 m、500 m、800 m 时，不同弹性模量 E 下的分层厚度 m_1 与跨度 l 间的关系。很显然，在同一采深下，顶板岩层强度越高，变形能力越小，在同一分层厚度下不发生屈曲现象时允许的巷道跨度越大，或者说，顶板岩层强度越高，在同一跨度下不发生屈曲时所允许的顶板岩层厚度越小。例如，采深为 500 m 时，如果顶板岩层弹性模量 $E=5\times10^3$ MPa，则对应跨度 6 m 时不发生屈曲现象的最小分层厚度为 0.3

m。而当弹性模量 $E=1\times10^3$ MPa 时，分层厚度大于 0.6 m 才可保证在此条件下不发生屈曲破坏。

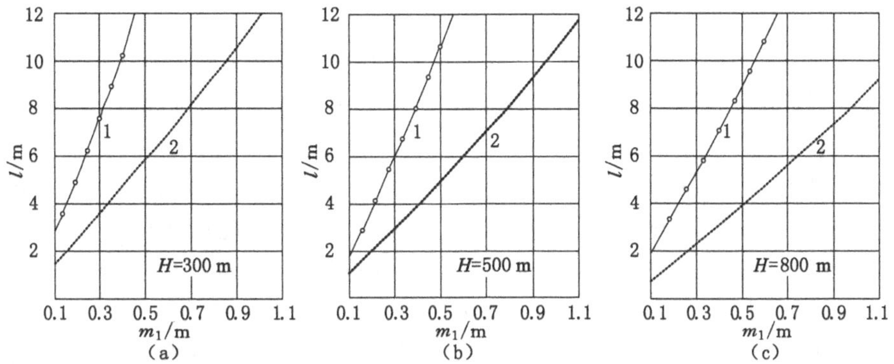

1—$E=5\times10^3$ MPa；2—$E=1\times10^3$ MPa。

图 3-4　H 不同时 m_1 与 l 间的关系

(3) 巷道顶板岩层不发生屈曲所对应的采深大小，取决于分层厚度、巷道跨度及顶板岩层变形能力大小等因素。如图 3-5 所示，假设巷道顶板岩层的弹性模量 $E=2\times10^3$ MPa，巷道宽 5.0 m，当顶板分层厚度为 0.6 m 时，不发生屈曲现象允许的最大采深不到 200 m。如果分层厚度为 0.8 m，则允许的最大采深将超过 400 m。由此可知，分层厚度对于维持顶板岩层稳定具有重要的作用。

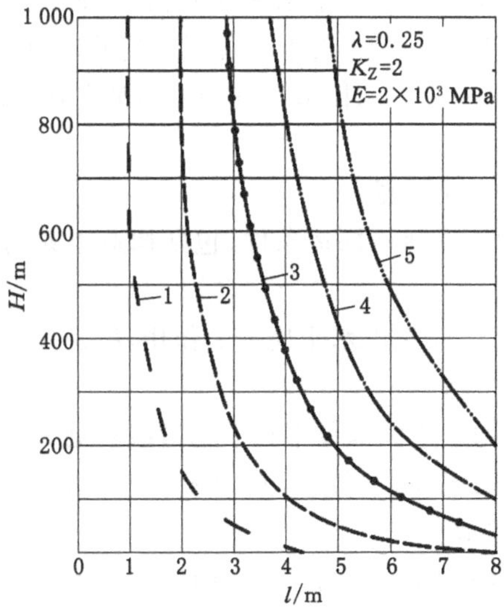

1—$m_1=0.3$ m；2—$m_1=0.5$ m；3—$m_1=0.6$ m；
4—$m_1=0.8$ m；5—$m_1=1.0$ m。

图 3-5　l 与 H 的关系

(4) 在既定巷道层位和围岩条件下，顶板岩层悬跨度的变化也将对其屈曲产生明显影响。如图 3-5 所示，在采深为 400 m 条件下，l 由 3 m 增大到 6 m 时，所需分层的最小厚度将由 0.54 m 增大到 0.9 m 以上。由此可知，对于已掘出的巷道，维护巷道两帮煤(岩)体的稳定不让其破坏(即 l 不变)，将有利于对顶板岩层的维护。

4. 矿山压力显现与支护有怎样的关系？

答：矿山压力显现是矿山压力作用下围岩运动的结果，围岩运动过程中引起支架承受荷载的变化，不仅取决于围岩运动的发展情况，还与支架对围岩运动的抵抗程度、支架的力学特征等密切相关。

(1) 支架对围岩运动的抵抗程度：支架作为围岩运动过程中的承载体，对围岩运动是否抵抗以及抵抗到什么程度，随压力显现不同而有明显差别。抵抗程度越高，承受的荷载越大，围岩变形越小；相反，如果支架不能对围岩的运动进行抵抗，而是在运动过程中逐步"退让"，则支架受力较小，而围岩变形会相应增大。

(2) 支架的力学特征：采用不同类型的支架(柱)，由于其工作特性不同，围岩运动过程中则有不同的压力显现。

(3) 矿压显现"时空观"：在采煤工作面支护过程中，由于围岩运动不断发展，支架上的压力显现也在不断变化。当围岩运动处于相对稳定阶段时，支架上的压力很小。一旦围岩开始显著运动，围岩变形(顶板下沉、底板鼓起等)加剧，支架承受载荷将明显增大，来压时刻支架上的压力达到最大值。围岩运动呈周期性变化，支架上的压力显现也呈周期性变化。

5. 构造应力场与自重应力场的主要差异有哪些？试分析构造应力场内布置巷道的要点。

答：自重应力场是一个比较均一的稳定应力场，各点最大、最小主应力的方向基本不变，同一深度水平处的同一岩层中应力值大小也基本上相同，而且与时间无关。而构造应力场是一个应力分布很不均匀而且在一定程度上受时间影响的应力场，同一深度水平，各点应力在大小、方向及垂直应力和水平应力的比值等各个方面都有很大的差别，两个方向上的水平应力往往也并不相等。

在构造应力场内布置巷道应注意：

(1) 必须考虑时间、地点，特别是构造条件(包括构造单元的性质、构造线分布等)对矿山压力的重要影响。

(2) 在受构造影响的地区，需考虑水平应力的作用，特别是在临近构造线的部位进行开采工作时更应特别注意。

(3) 应注意避免在临近构造线的部位平行于构造线开掘和维护巷道。

(4) 避免在受构造影响的坚硬岩层或与其相邻接的岩层中开掘巷道，因为容易产生瓦斯或煤层突出、冲击地压等事故。

6. 矿山压力与矿山压力显现间的辩证关系如何？

答：(1) 矿山压力的存在是客观的、绝对的，它存在于采动空间的周围岩体之中。而矿山压力显现则是相对的、有条件的，它是矿山压力作用的结果。

(2) 围岩中有矿山压力存在却不一定有明显的显现。这是因为围岩的明显运动本身就是有条件的，只有当应力达到其强度后才会发生。支架受力也是如此，它不仅取决于围岩的明显运动，而且还取决于支架对围岩运动的抵抗程度。同时压力显现强烈的部位也不一定是压力高峰的位置。

3.3　难题解析

1. 岩层经历构造运动后会产生较多的断裂破坏，如图 3-6 所示，试确定构造应力场中最大主应力方向。

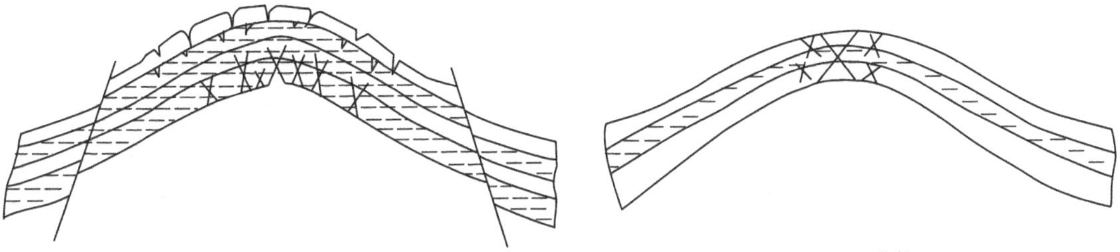

(a) 岩层埋藏较浅　　(b) 岩层埋藏较深

图 3-6　构造部分岩层破坏情况

答：如图 3-7(a)所示，岩层埋藏较浅时，厚度方向大小断裂破坏纵横交错，靠背斜轴岩层上表面张裂破坏发育，下部存在很多由压缩引起的 X 形断裂，锐角迎向厚度方向，背斜两翼有拉伸的正断层出现。据此可以判断出该构造是垂直成因构造，最大主应力 σ_1 垂直于岩层层面。这一构造破坏发展的大致过程是：在垂直压力作用下，岩层首先受到压缩，垂直应力及水平应力逐渐增加；随后岩层隆起，在隆起过程中岩石垂直方向上的应力继续增加，两侧水平方向的应力则因岩层受到拉伸而停止增长，甚至有所下降；结果逐渐扩大了应力差，导致了岩层厚度方向上的剪切破坏（即 X 形破坏），一直到两翼大断裂出现为止。与此同时，由于岩层隆起超过岩层的抗弯（拉）强度极限，平行于隆起轴向伴有大量的拉裂破坏。

如图 3-7(b)所示，岩层埋藏较深时，只在背斜轴部能见到岩层的压薄和锐角向厚度方向的 X 形破坏，则可以预计该应力场可能储存有较高的构造应力，最大主应力 σ_1 垂直于岩层层面。

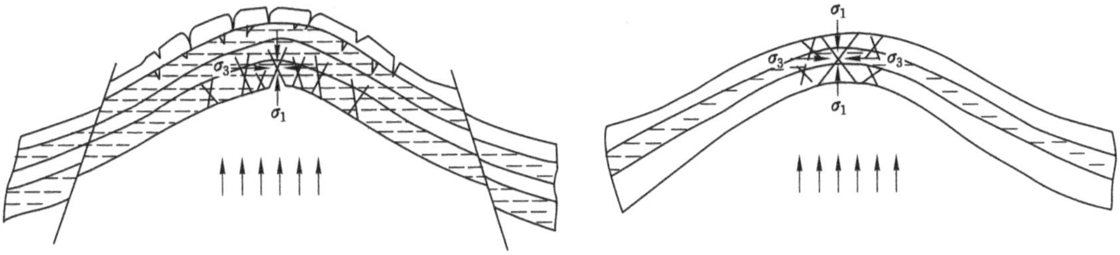

(a) 岩层埋藏较浅　　(b) 岩层埋藏较深

图 3-7　最大主应力方向

2. 如何理解矿山压力显现的相对性？

答：矿山压力显现是矿山压力作用下围岩运动的结果。围岩运动是由其受力大小、边界约束条件、自身强度等因素所决定的，该过程中引起支架承受载荷的变化，不仅取决于围岩运动的发展情况，还与支架对围岩运动的抵抗程度密切相关。由此可见，矿山压力显现是相对的。

(1) 巷道围岩运动的相对性

采动过程中,围岩要向着采动空间运动。由于围岩承受的压力大小、自身强度、受力状况等不同,运动的发展程度也不相同。围岩变形不仅取决于所承受的压力大小,还与围岩强度有关。通过架设支架等方法改变围岩受力状态,可以达到控制矿压显现程度(变形程度)的目的。

(2) 支架受力的相对性

支架上的压力显现是由围岩运动所引起的,其大小主要取决于三方面因素。一是支架对围压运动的抵抗程度。支架作为围岩运动过程中的承载体,对围岩运动是否抵抗以及抵抗到什么程度,压力显现有明显差别。二是支架的力学特征。采用不同类型的支架(柱),由于其工作特性不同,围岩运动过程中则有不同的压力显现。三是矿压显现的“时空观”。在采煤工作面支护过程中,由于围岩运动不断发展,支架上的压力显现也在不断变化。当围岩运动处于相对稳定阶段时,支架上的压力很小;一旦围岩开始显著运动,围岩变形加剧,支架承受载荷将明显增大。

4 采场上覆岩层运动和发展的基本规律

4.1 学习指南

4.1.1 本章概述

掌握采场上覆岩层运动与发展规律是研究矿山压力与岩层控制的关键。采场上覆岩层运动与发展理论的研究需要建立对岩层由下向上，以及沿工作面推进方向运动过程的整体认识。

本章主要介绍采场上覆岩层运动和破坏基本形式及条件，以及采场上覆岩层沿工作面纵向、推进方向运动基本规律。

4.1.2 学习目的及要求

(1) 掌握采场上覆岩层运动基本形式。

(2) 掌握采场上覆岩层沿工作面纵向运动基本规律。

(3) 掌握采场上覆岩层沿工作面推进方向运动基本规律。

4.1.3 本章重点难点

本章的重点是理解并掌握采场上覆岩层破坏及采场上覆岩层沿工作面纵向、推进方向运动发展规律，理解传递岩梁概念、采场上覆岩层离层发生位置及条件、运动步距计算等。本章的难点是采场上覆岩层沿纵向破坏范围的确定。

4.2 习题解答

1. 简述上覆岩层运动和破坏的基本形式及判别方法。

答：上覆岩层悬露后由变形发展到破坏有两种基本运动形式：弯拉破坏和剪切破坏。

判断上覆岩层破坏形式，可采用岩梁中部开裂的极限跨度 L_0 和岩梁整体切断的极限跨度 L_G 之间的关系：

(1) $L_0 < L_G$ 时，岩层在悬跨的中部被拉坏，形成弯拉破坏形式；

(2) $L_0 \geqslant L_G$ 时，岩层在端部被剪坏，形成剪断破坏形式。

【知识扩展】

(1) 弯拉破坏的发展过程

随着采煤工作面推进,上覆岩层悬露,如图 4-1(a)所示→在其重力作用下弯曲,如图 4-1(b)所示→岩层悬露达到一定跨度,弯曲沉降发展至一定限度后,在煤壁的端部开裂,如图 4-1(c)所示→中部开裂形成"假塑性岩梁",如图 4-1(d)所示→当其沉降值超过假塑性岩梁允许沉降值时,悬露岩层自行垮落,如图 4-1(e)所示。

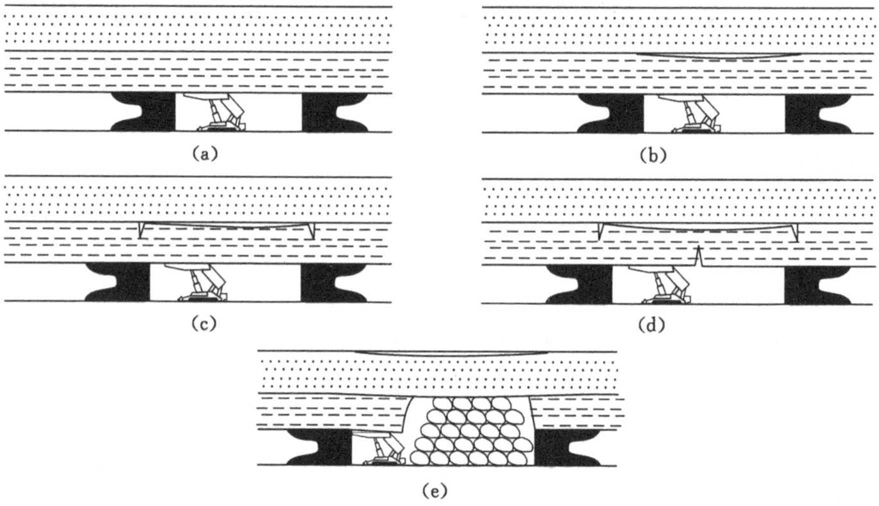

图 4-1　弯拉破坏发展过程

(2) 剪切破坏的发展过程

岩层悬露后产生很小的弯曲变形,悬露岩层端部开裂,如图 4-2(a)所示→在岩层中部未开裂(或开裂很少)的情况下,突发性整体切断垮落,如图 4-2(b)所示。

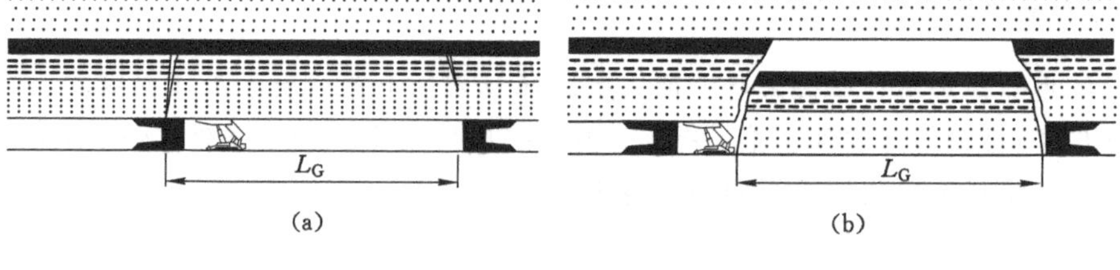

图 4-2　剪切破坏发展过程

2. 简述推进方向上采煤工作面上覆岩层运动的发展阶段及运动参数。

答:采煤工作面推进方向上,上覆岩层运动发展可分为两个阶段,即初次运动阶段和周期性运动阶段。其中,初次运动阶段基本参数包括岩梁的相对稳定步距、显著运动步距、初次来压步距,以及初次来压结束时的岩梁跨度、初次来压前夕工作面顶板下沉量等;周期性运动阶段基本参数包括岩梁的相对稳定步距、显著运动步距、周期来压步距,以及周期来压结束时的岩梁跨度、周期来压前夕工作面顶板下沉量等。

【知识扩展】

在采煤工作面推进过程中，按照上覆各岩层承受的矿山压力大小不同和支撑(约束)条件的差异，其运动发展状况可分为两个阶段，即初次运动阶段和周期性运动阶段。

(1) 初次运动阶段

从岩层由开切眼开始悬露，到对工作面矿山压力显现有明显影响的一两个传递岩梁初次断裂运动结束，为初次运动阶段。

① 表征岩梁运动过程的基本参数

这些基本参数包括：岩梁的相对稳定步距 b_0，岩梁的显著运动步距 a_0，岩梁的初次来压步距 c_0，其相互关系为 $c_0 = a_0 + b_0$。

② 表征来压结束时刻(显著运动结束时)岩梁位置状态的参数

a. 来压结束时的采煤工作面顶板下沉量：当支架在给定变形状态下工作时，以 Δh_{0A} 表示，其大小与岩梁的初次来压步距、采高、直接顶厚度等有关；当支架在限定变形状态下工作时，以 Δh_0 表示，其大小由工作面支护强度决定。

$$\Delta h_{0A} = \frac{L_K[h - m_Z(K_A - 1)]}{L_{0A}} \approx \frac{2L_K[h - m_Z(K_A - 1)]}{c_0} \tag{1}$$

式中　h——采高，m；

L_K——控顶距，m；

m_Z——直接顶厚度，m；

K_A——触矸点下部已垮落岩层的碎胀系数，一般取 1.25～1.30。

b. 来压结束时的岩梁跨度：在给定变形条件下，来压结束时的岩梁跨度以 L_{0A} 表示，其大小由岩梁运动步距决定；在限定变形条件下以 L_0 表示，其大小由支护强度决定。

③ 表征来压前夕岩梁的位态参数：这类参数包括初次来压前夕岩梁的最大跨度 $L'_0 = b_0$，初次来压前夕工作面顶板下沉量 $\Delta h'_0$。

(2) 周期性运动阶段

从岩层初次运动结束到工作面采完，顶板岩层按一定周期有规律地断裂运动，称作周期性运动阶段。

① 表征岩梁运动过程的参数

这些参数包括岩梁的相对稳定步距 b，岩梁的显著运动步距 a，岩梁的周期来压步距 c，且有 $c = a + b$。

② 表征周期来压结束时岩梁位置状态的参数

a. 来压结束时采煤工作面顶板下沉量：当支架在给定变形状态下工作时，采煤工作面顶板下沉量用 Δh_A 表示，它是采煤工作面顶板最终下沉值，其大小决定于岩梁周期来压步距、采高和直接顶厚度等；当支架为限定变形状态时，采煤工作面顶板下沉量用 Δh_i 表示，其大小由支架支护强度决定。

b. 来压结束时的岩梁跨度：在给定变形条件下用最小跨度 L_A 表示，在限定变形条件下，用岩梁周期来压结束的相对稳定跨度 L_i 表示。

上述位态参数间相互关系为：

$$\Delta h_i = \frac{L_K[h - m_Z(K_A - 1)]}{L_i} \tag{2}$$

$$\Delta h_A = \frac{L_K[h - m_Z(K_A - 1)]}{L_A} \tag{3}$$

$$L_i = \frac{\Delta h_A}{\Delta h_i} L_A \tag{4}$$

③ 表征周期来压前夕岩梁位态的参数及相互关系

$$\Delta h' = \frac{L_K[h - m_Z(K_A - 1)]}{L'} \tag{5}$$

式中 $\Delta h'$——周期来压前夕采煤工作面顶板下沉量，m；

L'——周期来压前夕岩梁的极限跨度，m。

无论工作面支架处于哪种工作状态，岩梁来压前的极限跨度均为：

$$L' = L_A + b \approx c + b \tag{6}$$

3. 简述传递岩梁形成的力学原理。

答：采煤工作面上覆岩层中除邻近煤层的采空区已垮落岩层外，其他岩层保持假塑性状态，两端由煤体支撑，或一端由工作面前方煤体支撑，一端由采空区矸石支撑，在推进方向上保持传递力的联系。因此，可把每一组同时运动（或近乎同时运动）的岩层看成一个运动的整体，称之为传递力的岩梁，简称传递岩梁。

4. 简述工作面上覆岩层离层发生的位置及条件。

答：(1) 离层发生在岩层的接触面或软弱夹层上。

(2) 接触面破坏的力学条件为相应接触面上的剪应力超限，即悬露岩层的跨度达到极限跨度时，离层才会发生。因此，控制岩梁的悬跨度是控制离层发生的重要方法。

(3) 离层出现的位置取决于组合岩梁中各岩层的弯曲刚度和各夹层的强度。当下部岩层弯曲刚度小，夹层（或接触面）强度低时，离层首先在下部夹层发生；反之，离层可能先在上部夹层出现。

5. 某矿 5 煤，上部为 3 m 厚的细砂岩，再上为 2 m 厚的粉砂岩，两岩层单轴抗压强度为 24.3 MPa，重力密度为 27 kN/m^3。若该采煤工作面无直接顶，仅由上述两层岩层构成基本顶，试按梁的公式估算初次来压步距和周期来压步距。

答：基本顶岩层单轴抗压强度为 24.3 MPa，根据莫尔-库仑强度理论，单轴抗拉强度一般为单轴抗压强度的 1/10～1/20，取单轴抗拉强度为单轴抗压强度的 1/15，则基本顶的单轴抗拉强度为 1.62 MPa。题中未给出两岩层的弹性模量，无法计算两岩层同时运动还是分开运动，此处按两岩层同时运动计算。

则基本顶岩梁初次来压步距为：

$$c_0 = \sqrt{\frac{2m_1^2[\sigma_t]}{(m_1 + m_2)\gamma}} = \sqrt{\frac{2 \times 3^2 \times 1.62 \times 10^6}{(3+2) \times 27 \times 10^3}} = 14.70\ (\text{m})$$

基本顶岩梁周期来压步距一般为初次来压步距的 1/4～1/3，则：

$$c = \left(\frac{1}{4} \sim \frac{1}{3}\right)c_0 = 3.68 \sim 4.90\ \text{m}$$

则岩梁的初次来压步距为 14.70 m，周期来压步距为 3.68～4.90 m。

4.3 难题解析

1. 绘图并说明采煤工作面上覆岩层运动的发展过程。

答：采煤工作面上覆岩层运动发展包括纵向运动发展和沿采煤工作面推进方向上的运动发展。上覆岩层纵向运动发展过程：在重力作用下弯曲沉降→发生离层后在运动中重新组合成同时运动(或近乎同时运动)的假塑性传递岩梁→沉降值超过允许的限度，即发生垮落。岩层纵向运动是由下而上发展的，可分为垮落带、断裂带和弯曲下沉带，如图 4-3 所示。

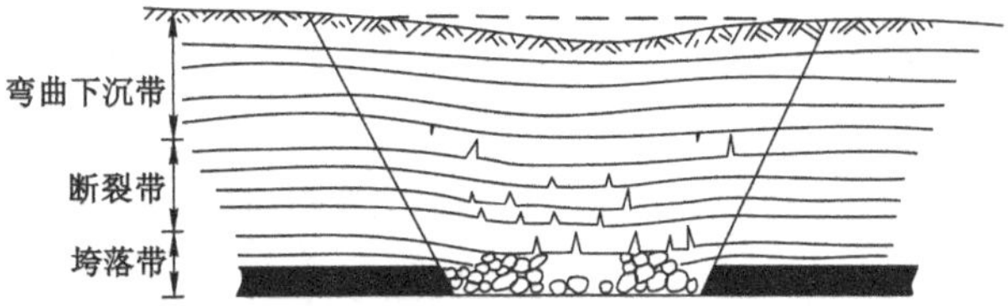

图 4-3　上覆岩层纵向运动情况

沿采煤工作面推进方向上的运动发展过程：在采煤工作面推进过程中，按照上覆各岩层承受的矿山压力大小不同和支撑(约束)条件的差异，其运动发展状况可分为初次运动阶段和周期性运动阶段。

从岩层由开切眼开始悬露，到对工作面矿山压力显现有明显影响的一两个传递岩梁初次断裂运动结束，为初次运动阶段，如图 4-4(a)、(b)所示。从岩层初次运动结束到工作面采完，顶板岩层按一定周期有规律地断裂运动，称作周期性运动阶段，如图 4-4(c)～(f)所示。

在上述两个发展阶段中，岩层运动都将经历相对稳定和显著运动两个发展过程。在相对稳定过程中，岩梁运动幅度小，对采煤工作面矿山压力的影响不明显，如图 4-4(a)、(c)、(e)所示。在显著运动过程中，岩梁运动幅度较大，对采煤工作面矿山压力影响极为明显，即通常所说的“来压”过程，如图 4-4(b)、(d)、(f)所示。

2. 简述影响岩层运动的主要因素。

答：影响岩层运动的主要因素包括岩层的强度特征、采动条件和采空区处理方法三个方面。

(1) 岩层的强度特征

由岩层的力学性质、厚度和节理裂隙情况决定的岩层强度特征，是影响岩层运动发展的内在因素。强度高、厚度大的岩梁，显著运动发展迅速；相反，强度低、厚度小的岩梁，显著运动发展较缓慢。

(2) 采动条件

采高和推进速度等采动条件对岩梁的运动发展过程也会产生重要影响。如加大采高，而工作面直接顶垮落高度不变，则岩梁显著运动的空间相对增加，岩梁的显著运动变得明显；当岩层的强度较低时，突然提高推进速度到某定值后，有可能导致岩梁运动步距增大。

(3) 采空区处理方法

采用强制放顶减小岩梁厚度，可减小运动步距；采用采空区充填减小岩梁运动空间，可使其运动不明显。采空区处理方法，必须根据所需控制的顶板类型和要求加以选择。

3. 试论述常用的强制放顶方法及其原理，并进行对比分析。

答：常用的强制放顶方法有循环放顶、中部拉槽和端部切断。循环放顶是指在工作面推进过程中每隔几个循环进行一次强制放顶，以减小顶板岩梁的厚度，从而缩短来压步距的放

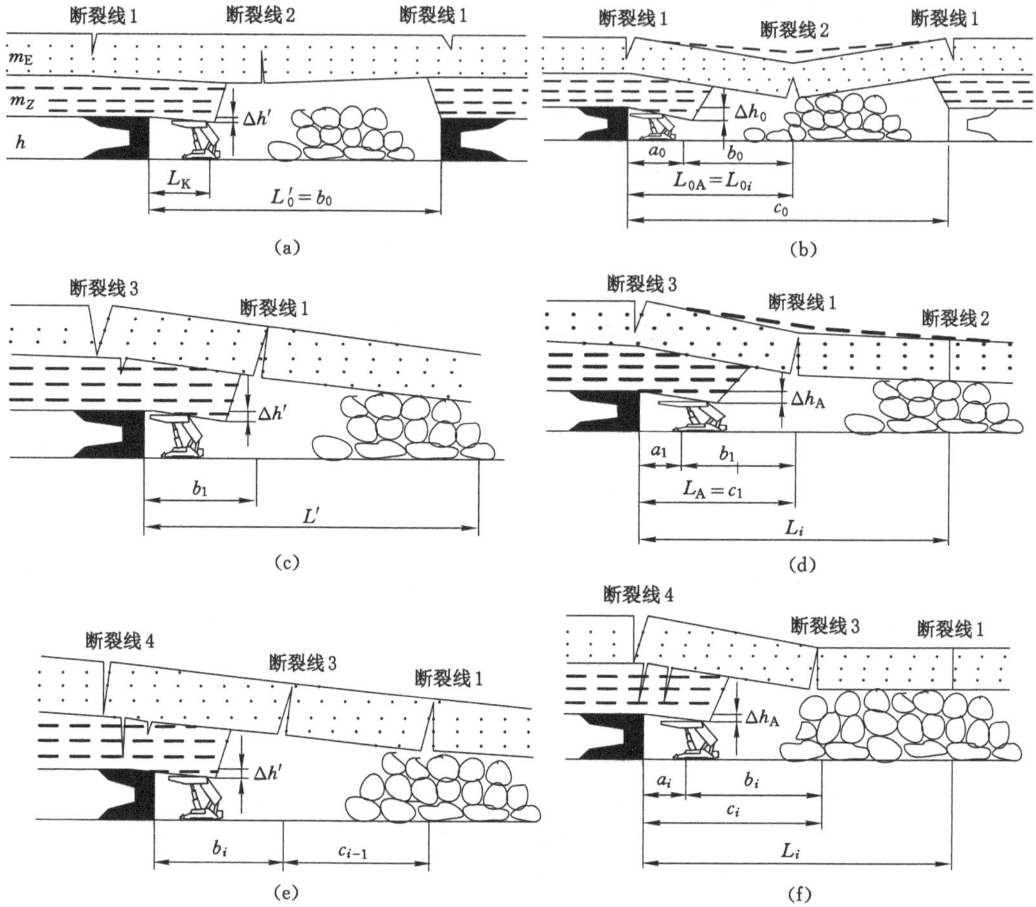

图 4-4　岩层运动在推进方向的发展过程

顶方法。中部拉槽是通过减小中部抗弯截面厚度，达到中部先拉开的目的，从而缩短来压步距的放顶方法。端部切断是指沿工作面开切眼将顶板岩层切断，改变顶板垮落状态的放顶方法。

比较三种强制放顶方法，采用端部切断（$m_E=m$）方法后，有 $\frac{c'_0}{c_0}=\frac{1}{\sqrt{6}}$；若采用循环放顶，要达到同样效果则循环放顶厚度为 $\frac{5m}{6}$；若采用中部拉槽，要达到同样效果则拉槽厚度为 $\left(1-\frac{1}{2\sqrt{3}}\right)m$。由此可见，中部拉槽的工作量最小，循环放顶的工作量最大。

【知识扩展】

（1）循环放顶

循环放顶方法如图 4-5 所示。若要求放顶后的来压步距 c'_0 是未放顶时的 $\frac{1}{n}$，则对要求的放顶厚度 m_{E1} 可做如下推算。

循环放顶时，来压步距为：

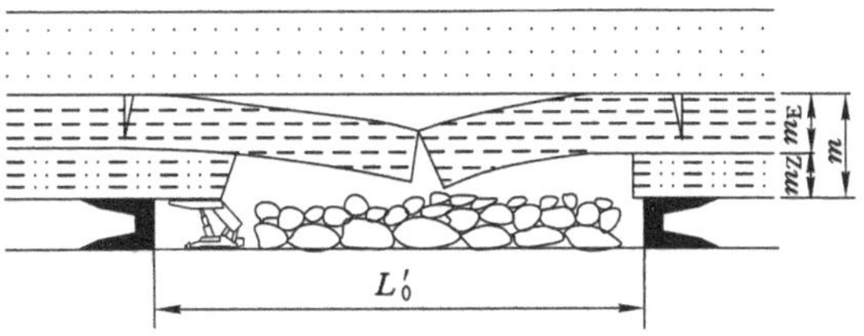

图 4-5 循环放顶

$$c_0' = L_0' = \sqrt{\frac{2m_0[\sigma_t]}{\gamma}}$$

令 $c_0' = \frac{1}{n}c_0$，可得：

$$\sqrt{\frac{2m_0[\sigma_t]}{\gamma}} = \frac{1}{n}\sqrt{\frac{2m[\sigma_t]}{\gamma}}$$

则

$$m_0 = \frac{m}{n^2}$$

$$m_{E1} = m - m_0 = \left(1 - \frac{1}{n^2}\right)m \tag{1}$$

式中 m——岩梁厚度，m；

m_0——残余厚度，m；

m_{E1}——放顶厚度，m。

(2) 中部拉槽

中部拉槽方法如图 4-6 所示。若要求中部拉槽后的来压步距 c'_0 是未拉槽时来压步距 c_0 的 $\frac{1}{n}$，则对要求的拉槽厚度 m_{E2} 可做如下推算。

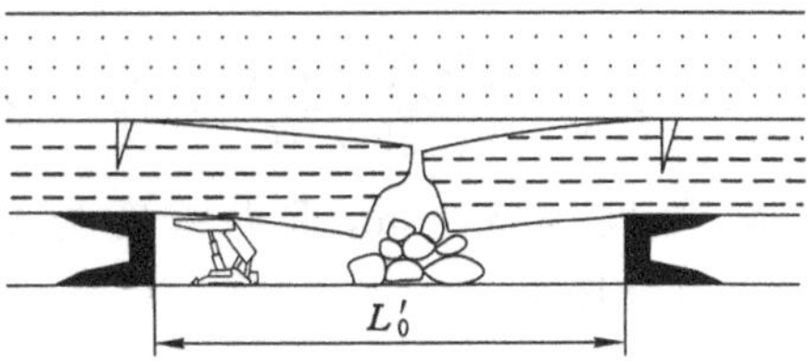

图 4-6 中部拉槽

中部拉槽时，来压步距 c_0' 为：

$$c_0' = \sqrt{\frac{4m_0^2[\sigma_t]}{m\gamma}}$$

令 $c_0' = \frac{1}{n}c_0$，即有：

$$\sqrt{\frac{4m_0^2[\sigma_t]}{m\gamma}} = \frac{1}{n}\sqrt{\frac{2m[\sigma_t]}{\gamma}}$$

则

$$m_0 = \frac{m}{\sqrt{2}n}$$

$$m_{E2} = m - m_0 = \left(1 - \frac{1}{\sqrt{2}n}\right)m \tag{2}$$

式中 m_{E2}——拉槽厚度,m。

(3) 端部切断

端部切断方法如图 4-7 所示。端部切断时,岩梁初次来压前处于悬臂状态,则来压步距 c'_0 为:

$$c'_0 = \sqrt{\frac{m[\sigma_t]}{3\gamma}}$$

若端部切断厚度 $m = m_E$,则有:

$$c'_0 = \frac{1}{\sqrt{6}}c_0$$

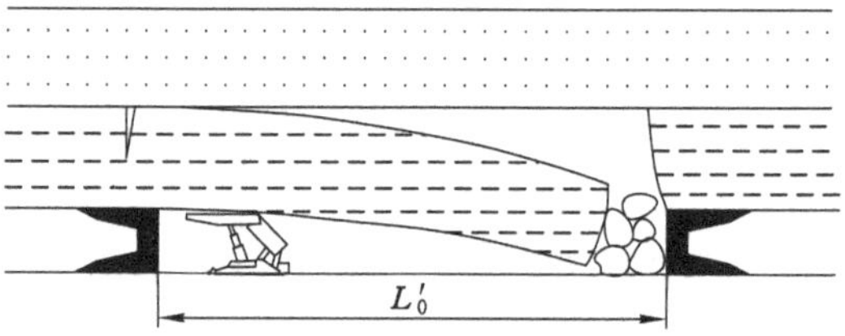

图 4-7 端部切断

4. 某矿三煤,直接顶厚度为 4.4 m,重力密度为 25 kN/m^3,允许拉应力为 1 600 kN/m^2;基本顶由 6.8 m 厚的单一岩梁组成,重力密度为 25 kN/m^3,允许拉应力为 2 180 kN/m^2,基本顶的周期来压步距按其初次来压步距的 1/3 考虑,试计算直接顶和基本顶的来压步距。

答:某矿三煤直接顶厚度为 4.4 m,重力密度为 25 kN/m^3,允许拉应力为1 600 kN/m^2,则直接顶初次来压步距为:

$$c_{Z0} = \sqrt{\frac{2m_Z[\sigma_t]}{\gamma_Z}} = \sqrt{\frac{2 \times 4.4 \times 1.6 \times 10^6}{25 \times 10^3}} = 23.73\ (\text{m})$$

基本顶由单一岩梁组成,厚度为 6.8 m,重力密度为 25 kN/m^3,允许拉应力为 2 180 kN/m^2,则基本顶的初次来压步距为:

$$c_{E0} = \sqrt{\frac{2m_E[\sigma_t]}{\gamma_E}} = \sqrt{\frac{2 \times 6.8 \times 2.18 \times 10^6}{25 \times 10^3}} = 34.44\ (\text{m})$$

基本顶的周期来压步距按其初次来压步距的 1/3 考虑,则基本顶的周期来压步距为 11.48 m。

则某矿三煤的直接顶初次来压步距为 23.73 m,基本顶初次来压步距为 34.44 m,周期来压步距为11.48 m。

5 采场支承压力及矿压显现与上覆岩层运动间的关系

5.1 学习指南

5.1.1 本章概述

本章主要介绍采煤工作面支承压力分布的基本形式、存在内外应力场的力学条件及力源，讨论采煤工作面支承压力分布与上覆岩层运动间的关系、支承压力分布与矿山压力显现间的关系，以及顶板不同运动阶段以支架工作阻力为代表的矿压显现与上覆岩层运动之间的关系。

5.1.2 本章教学目的与要求

(1) 掌握采煤工作面支承压力分布的基本形式；
(2) 掌握内应力场存在的力学条件；
(3) 理解采煤工作面支承压力分布与上覆岩层运动间的关系；
(4) 理解支承压力分布与矿山压力显现间的关系。

5.1.3 本章重点与难点

本章的重点是掌握采煤工作面存在内外应力场的力学条件及力源，采煤工作面支承压力分布与上覆岩层运动间的关系，矿压显现与上覆岩层运动之间的关系；本章的难点是能够画出采煤工作面开始推进至基本顶各岩梁初次来压结束期间支承压力分布的三个阶段。

5.2 习题解答

1. 试述支承压力的概念。单一重力场的支承压力表达式是什么？

答：煤层采出后，在围岩应力重新分布的范围内，作用在煤层、岩层和矸石上的垂直压力称为支承压力。

在单一重力场条件下，采煤工作面周围岩体上的支承压力来源于上覆岩层的重力。将采煤工作面上覆岩层简化为多层的组合岩梁结构，则在支承压力影响范围内，距煤壁 x 处煤层单位面积上承受的压力 σ_y 可以近似看成上覆各岩梁在该处作用力的总和，即单一重力场的支承压力表达式为：

$$\sigma_y = \sum_{i=1}^{n} m_{Ei}\gamma_i + \sum_{i=1}^{n} m_{Ei}\gamma_i L_i C_{ix} \tag{5-1}$$

式中 σ_y——煤层上的支承压力，Pa；

n——直接作用于该处的传递岩梁数目（或称为直接覆盖岩梁数），也就是在该处上方未出现离层的岩梁数；

m_{Ei}——第 i 层传递岩梁厚度，m；

γ_i——第 i 层传递岩梁的平均重力密度，N/m^3；

L_i——第 i 层传递岩梁的跨度，m；

C_{ix}——第 i 层传递岩梁至该处的重力比例（传递比率）。

2. 画图说明采煤工作面前后方支承压力分布的基本规律。

答：在工作面中部沿走向作剖面，如图 5-1 所示，采煤工作面前后方支承压力的分布可分为 4 个区域，即工作面前方的原岩应力区 A、应力增高区 B 和工作面后方的应力降低区 C、应力稳定区 D。

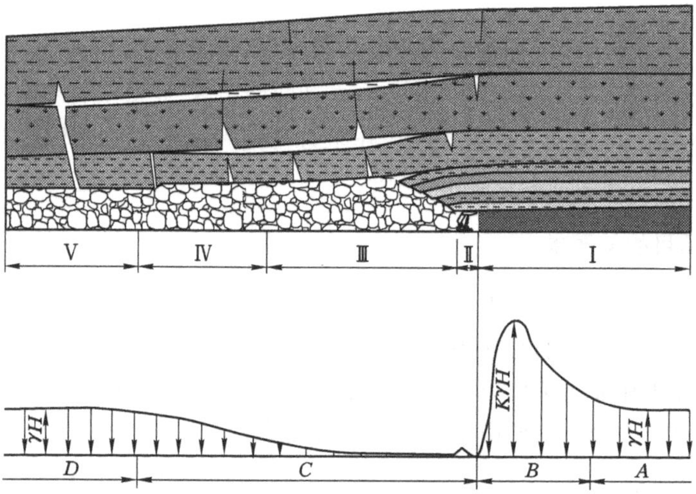

Ⅰ—工作面前方应力变化区；Ⅱ—工作面控顶区；Ⅲ—垮落岩石松散区；

Ⅳ—垮落岩石逐渐压实区；Ⅴ—垮落岩石压实区；

A—原岩应力区；B—应力增高区；C—应力降低区；D—应力稳定区。

图 5-1 采煤工作面前后方的应力分布

原岩应力区 A：未受采煤工作面影响，支承压力等于原岩应力 γH。

应力增高区 B：采煤工作面前方煤壁一端几乎支撑着采煤工作空间上方断裂带及其上覆岩层大部分重力，所以从工作面开始应力快速增高（煤壁进入塑性状态时，应力很低）至最大值 $k\gamma H$，然后逐渐降低至原岩应力。

应力降低区 C：由于断裂带内形成了以煤壁和采空区垮落带为前后支承点的拱式平衡结构，所以工作面后方出现应力降低区，应力从工作面后方向远处逐渐增大。

应力稳定区 D：随着工作面推进，工作面后方采空区被压实，所以支承压力稳定，应力为 γH。

3. 采煤工作面周围煤层上支承压力分布有哪几种情况？各有什么特点？

答：对应不同的开采深度和煤层强度条件，采煤工作面周围煤层上支承压力分布有3种类型，即单一弹性分布、出现塑性破坏区的分布和出现内应力场的分布。

（1）单一弹性分布的特点是压力高峰在煤层边缘，随与煤壁距离增加按负指数曲线规律递减；在从煤壁开始的整个分布范围内，煤层都处于弹性压缩状态。

（2）出现塑性破坏区分布的特点是煤体由塑性区和弹性区两个部分构成，其中煤壁边缘里侧的弹性区煤层处于弹性变形状态，其压力分布曲线是一条高峰在弹塑性交界处，并向内发展逐渐下降至原始应力值的曲线，各部位压力与该处煤层的压缩量成正比。

（3）出现内应力场分布的主要特点是岩梁深入塑性区断裂，原来完整的应力场以岩梁断裂线为界，明显地分为两个部分。一部分是由运动着的岩梁重力所决定的内应力场，另一部分则是与上覆岩层整体重力相联系的外应力场，包括新扩展的塑性区和弹性区两部分。

【知识扩展】

支承压力分布的三种类型（图5-2）各有其存在的条件，不同煤层在相同的开采条件下，可能出现不同的分布形式。即使煤层条件和开采技术条件相同，但开采深度不同，工作面推进到不同部位，支承压力分布形式往往也不一样。

（1）单一弹性分布

出现这种分布的条件是各岩梁的断裂只能在煤壁处发生。在岩梁断裂时，煤壁前方的巷道中除了可能观测到顶板“反弹”现象之外，将看不到顶底板移近等明显的压力显现。

（2）出现塑性破坏区的分布

出现这种分布时，由于塑性区范围内煤层承载能力已大幅度下降，而且处于极不稳定的状态，因此上覆岩梁自承能力一旦消失，相应部位的煤体压缩将加剧。在工作面及相邻的巷道中，煤壁片帮、顶底板移近加速等压力显现都会明显地表现出来。

（3）出现内应力场的分布

出现这种分布时，外应力场压力的大小和影响范围与开采深度直接相关，但是内应力场的压力大小则仅取决于同时运动着的岩层跨度和厚度，与开采深度没有直接的联系。

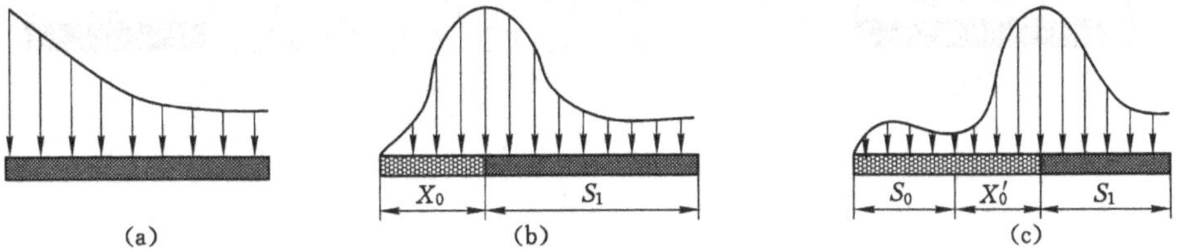

(a)　(b)　(c)

X_0、X'_0—塑性区；S_0—内应力场；S_1—弹性区。

图5-2　支承压力分布的三种类型

4. 采煤工作面支承压力在推进方向上的发展变化分为哪几个阶段？各阶段支承压力与支承压力显现的发展规律如何？

答：采煤工作面支承压力在推进方向上的发展变化分为3个阶段。

第一阶段：从采煤工作面开始推进至煤壁支撑能力改变（即煤壁附近煤体进入塑性状态）之前。支承压力分布与支承压力显现的规律相同，均为一条高峰在煤壁处的单调下降曲线，如图5-3(a)所示。

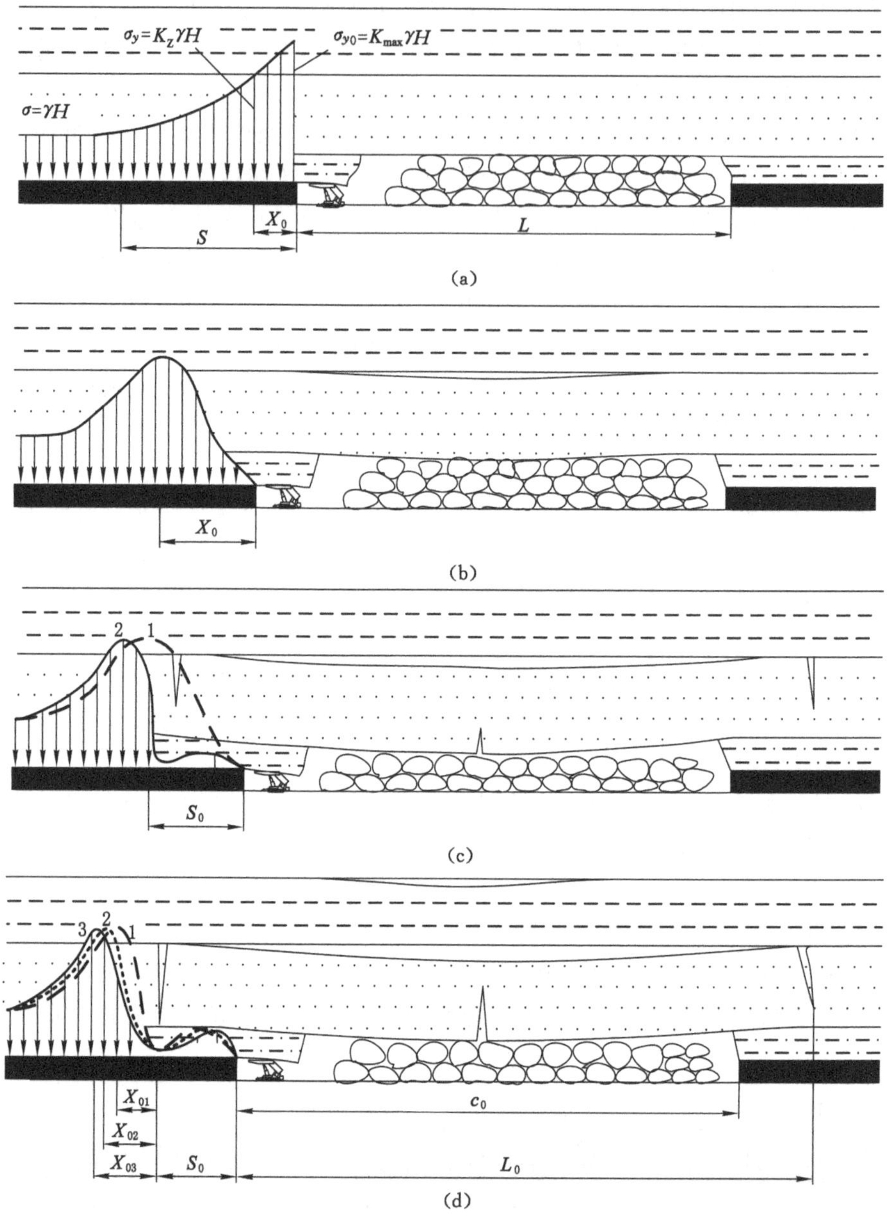

X_0、X_{0i} ——塑性区；S_0 ——内应力场；S ——弹性区。

图 5-3　初次来压阶段支承压力分布

第二阶段：从煤壁支撑能力开始改变起，到基本顶岩梁端部断裂前为止。支承压力分布分成两个区间，在塑性区压力逐渐上升，在弹性区压力则单调下降，弹塑性区的交界处为压力峰值的位置，如图 5-3(b)所示。而支承压力显现仍是一条高峰在煤壁处的单调下降曲线。

第三阶段：从基本顶岩梁端部断裂起至岩梁中部触矸止。支承压力分布和支承压力显现的变化趋势一致，随基本顶岩梁显著运动的发展而明显变化：岩梁端部断裂前夕，在断裂线附近将伴有压力的集中，顶底板移近速率突然增大，顶底板移近出现停滞甚至反弹现象，相应部位支架载荷也明显降低；断裂结束时，以断裂线为界将支承压力及其显现明显地分为两个部分[即图 5-3(c)中，由曲线 1 变为曲线 2]，一是在断裂线与煤壁之间由已断裂岩梁自重所决定的内应力场[即图 5-3(c)中的 S_0 范围]，顶底板移近等压力显现强化，二是在断裂线外由上覆岩层整体重力所决定的外应力场[即图 5-3(c)中的 S_0 以远]；两应力场形成后，随工作面推进，各自的应力高峰以断裂线为界向相反的方向发展，如图 5-3(d)所示，由曲线 1 向曲线 2、3 发展。

采煤工作面进入正常推进阶段后，支承压力分布的主要特点是伴随着上覆岩层的周期性运动而呈现周期性变化。

5. 采煤工作面两侧支承压力分布与上覆岩层运动间的关系如何？其分布规律与推进方向有哪些区别？

答：随采煤工作面推进，侧向支承压力分布将经历 3 个发展阶段。

第一阶段：上下两侧煤壁边缘处于弹性状态。煤壁边缘破坏前，即图 5-4 中位置 1 及以前，两个方向上的压力高峰始终在煤壁上，峰值随推进距离增加而增大。

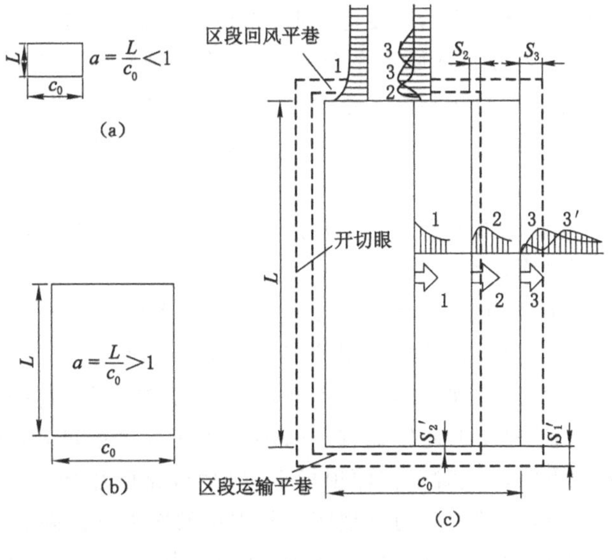

图 5-4　采煤工作面四周支承压力分布发展过程

第二阶段：煤壁边缘破坏，部分进入塑性状态。煤壁边缘遭到破坏而失去支撑能力，如图 5-4 中位置 2 所示，压力高峰深入煤壁前方，形成弹性和塑性两个区域。

第三阶段：岩层深入煤壁内部断裂。支承压力分布分为内、外两个应力场，如图 5-4 中位置 3 所示。两个应力场随岩层的破坏和运动有明显变化，随着岩层沉降，内应力场压力峰值向煤壁前方伸展，外应力场压力峰值随着内应力场中煤层的再破坏和水平约束力降低而向深部扩展，直至岩层触矸，压力进入相对稳定的状态为止，即图 5-4 中曲线 3′所示。

工作面两侧支承压力与推进方向上支承压力分布规律进行对比，主要区别为：一是不存在内应力场分布范围收缩的情况，外应力场的扩展是通过内应力场扩展和煤层再度压缩破坏而实现的；二是基本顶中每一岩层运动的影响，对于任一部位来说都只有一次。

6. 采煤工作面支承压力分布与矿山压力显现间的关系如何？

答：在基本顶初次运动阶段，从采煤工作面开始推进至基本顶各岩梁初次来压结束期间，支承压力分布与矿山压力显现的变化划分为 3 个阶段。

第一阶段：从采煤工作面开始推进至煤壁支撑能力改变之前。此阶段矿山压力显现规律与支承压力分布规律相同，为一条高峰在煤壁处的单调下降曲线，如图 5-5(a)所示。

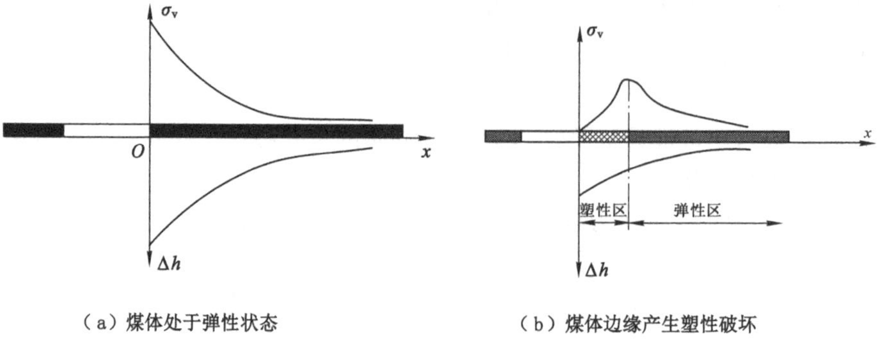

图 5-5　煤体支承压力与矿山压力显现分布规律

第二阶段：从煤壁支撑能力开始改变起，到基本顶岩梁端部开始断裂前为止。此阶段矿山压力显现规律与支承压力分布规律不完全相同，压力显现总体上仍是一条高峰在煤壁处的单调下降曲线，而压力分布曲线则是一条先增大后减小的曲线，如图 5-5(b)所示。

第三阶段：从基本顶岩梁端部断裂起至岩梁中部触矸止。此阶段超前巷道中压力显现的变化与压力分布的变化趋势一致。

在正常推进阶段，支承压力显现的主要特点与支承压力分布的特点一致，也是伴随着上覆岩层的周期性运动而呈周期性变化。

7. 采煤工作面矿山压力显现与上覆岩层运动间的关系如何？

答：采煤工作面矿山压力显现产生的根源在于上覆岩层运动。

随着工作面推进，上覆直接顶悬露跨度不断增加，其弯曲下沉量不断增加，达到一定跨距时发生初次垮落，是一种典型的矿压显现。采煤工作面继续推进，基本顶逐渐弯曲下沉，当达到极限跨距时断裂下沉。这时工作面顶板下沉加快，煤壁片帮严重，支架受力增大，甚至发生顶板的台阶下沉，这种矿山压力显现叫作基本顶初次来压。随后，基本顶呈周期性断裂与下沉，工作面周期性出现顶板下沉加快、煤壁严重片帮、支架受力增大以及顶板台阶下沉等，即基本顶周期来压。

采煤工作面支架受力是顶板运动的结果，其值取决于支架对顶板运动控制的方式和抵抗程度。当支架对顶板的运动不加限制时，其最终受力大小由支架的力学特性和顶板最终沉降量决定；相反，当支架对顶板运动进行限制时，其受力的大小取决于对岩梁位态的控制程度。

8. 工作面支架对基本顶有哪几种工作方案？各种工作方案有什么特点？

答：工作面支架对基本顶的工作方案有给定变形和限定变形两种。

给定变形工作方案是指支架对顶板的运动不加限制，来压结束时，岩梁沉降至最终沉降位置，采煤工作面顶板下沉量将达到最大值。

限定变形工作方案是指支架对岩梁运动进行必要的限制，来压时的顶板运动受到支架阻力限制，来压结束时，岩梁不可能沉降至无阻碍最终沉降位置(最低位态)，采煤工作面实际的顶板下沉量小于给定变形条件下的最大顶板下沉量。

【知识扩展】

(1) 给定变形工作方案

采煤工作面支架对基本顶岩梁的运动处于给定变形工作状态时，岩梁运动稳定时的位置状态由岩梁的强度及两端支承情况决定。在岩梁由端部断裂到沉降至最终位态的整个运动过程中，支架只能在一定范围内降低岩梁的运动速度，但不能对岩梁的运动起到阻止作用。

在给定变形工作状态下，岩梁运动全过程中支架作用力与顶板压力之间的关系为：

$$Q_i > R_i \tag{1}$$

或

$$Q_i > P_i L_K \tag{2}$$

式中　Q_i——沿倾斜方向顶板给支架的作用力，N/m；

R_i——沿倾斜方向支架阻抗力，N/m；

P_i——采场支架平均承载能力，N/m²；

L_K——控顶距，m。

显然，在这种情况下岩梁从运动到重新进入稳定的全过程，都无法建立起支架受力与顶板压力之间的直接关系方程，但在给定变形工作状态下岩梁运动至最低状态时的采场顶板下沉量可以确定。

基本顶岩梁初次来压时，给定变形工作状态下岩梁运动至最低位态时的采场顶板下沉量可由式(3)确定，如图 5-6 所示。基本顶岩梁周期来压时，给定变形工作状态下岩梁运动至最低位态时的采场顶板下沉量可由式(4)确定。

$$\Delta h_{0A} = \frac{2[h + m_Z(1 - K_A)]}{c_0} L_K \tag{3}$$

$$\Delta h_A = \frac{h + m_Z(1 - K_A)}{c} L_K \tag{4}$$

式中　Δh_{0A}——基本顶初次来压时，岩梁无阻碍沉降至最低位态时的采场顶板下沉量；

Δh_A——基本顶周期来压时，岩梁无阻碍沉降至最低位态时的采场顶板下沉量。

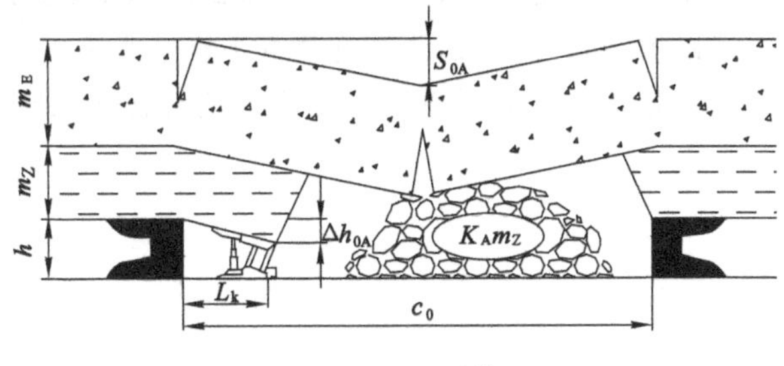

图 5-6　Δh_{0A} 计算图

在这种工作状态下，为了防止支架在岩梁运动过程中被压死，所要求的最大允许缩量须满足以下关系式：

$$\left.\begin{aligned} &\text{基本顶初次来压期间},\varepsilon_{max} \geq \Delta h_{0A} - \sum\delta \\ &\text{基本顶周期来压期间},\varepsilon_{max} \geq \Delta h_A - \sum\delta \end{aligned}\right\} \tag{5}$$

式中　ε_{max}——支架最大允许缩量；

$\sum\delta$——支柱破顶钻底及辅助支护物压缩量。

岩梁运动结束时采煤工作面支架实际受力值 R_T 在不发生破顶钻底的理想条件下，将由支架的综合刚度（支架力学特性）所决定，即

$$\left.\begin{aligned}&\text{基本顶初次来压期间}, R_T = E_T\Delta h_{0A}\\&\text{基本顶周期来压期间}, R_T = E_T\Delta h_A\end{aligned}\right\} \tag{6}$$

式中　E_T——支架的综合刚度。

(2) 限定变形工作方案

采煤工作面支架对岩梁运动处于限定变形工作状态，是指采煤工作面支架对岩梁运动进行必要的限制，即在支架阻力的作用下，岩梁不能沉降至最低位态，如图 5-7 所示。岩梁运动稳定时的位态（岩梁运动稳定时最大控顶距处的采场顶板下沉量）由采煤工作面支架的阻抗力所限定。

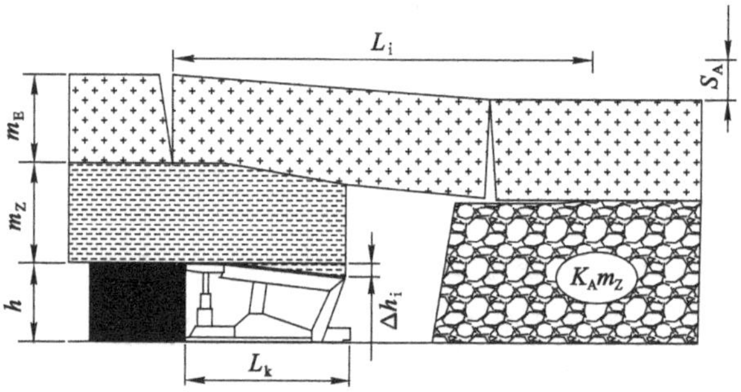

图 5-7　限定变形工作状态

支架在限定变形状态下工作时，支架阻力与取得平衡的岩梁位态之间存在着一定的力学关系，因此可以建立两者之间的力学方程。在支架刚度一定的条件下，要求控制的位态越高，所需支架的阻抗力越大。

选择支架对基本顶岩梁采用给定变形还是限定变形工作状态，以及确定采用限定变形工作状态时对基本顶岩梁限制的位态，应满足采场顶板下沉量小于支架的最大允许缩量（支架不被压死）的要求，同时工作面空间满足通风需要的过风断面积、设备及人员工作所需高度等安全生产的需要。

5.3　难题解析

1. 论述内应力场出现的条件、压力大小及影响因素。

答：煤层不出现塑性区，也就不会出现内应力场，则内应力场出现的条件为：

$$H > [H] = \frac{\sigma_c}{K_{max}} \tag{5-2}$$

或

$$\sigma_c < [\sigma_c]_{min} = K_{max}\gamma H \tag{5-3}$$

式中　σ_c——单轴抗压强度，MPa；

γ——煤层重力密度，kN/m^3；

H——埋深，m；

K_{max}——最大应力集中系数。

内应力场压力来源于运动着的岩梁重力，岩梁裂断后，内应力场中与煤壁距离 x 处的支承压力为：

$$\sigma_y = G_x y_x \tag{5-4}$$

式中 G_x——该处煤层的刚度；

y_x——该处煤层的压缩量。

影响内应力场压力大小的主要因素为：① 同时运动的岩层数目及各岩梁的重力，参与运动的岩梁数目越多，各岩梁的厚度及强度越大，则内应力场的压力越大。② 内应力场中的最大支承压力值与分布范围 S_0 成反比，由下部岩梁裂断位置所决定的内应力场范围越小，压力峰值将越高。③ 采煤工作面支架阻力，其变化时可以改变内应力场应力的大小和分布。

2. 简述给定变形状态下增阻支架的压力显现规律。

答：当支架在给定变形状态下工作时，支架对顶板的运动不加限制，支架上的压力与采煤工作面顶板下沉量成正比，与岩梁的悬跨度成反比。

当岩梁处于相对稳定阶段时，岩梁的悬跨度随工作面推进逐渐增大，而采煤工作面顶板下沉量逐渐减小，支架受力值也将逐渐下降；当岩梁达到其稳定运动步距时，在端部断裂前夕，悬跨度达最大值，采煤工作面顶板下沉量与支架受力均为最小值。

当岩梁处于显著运动阶段时，随着岩梁迅速沉降触矸，悬跨度迅速减小，采煤工作面顶板下沉量和支架受力值均会明显增大，直至岩梁达到无阻碍最终沉降位置时，工作面顶板下沉量和支架受力值均达到最大值。

显然，给定变形条件下的增阻支架，在采煤工作面推进过程中，其压力显现规律与采煤工作面顶板下沉量的变化规律相同，如图 5-8 所示。

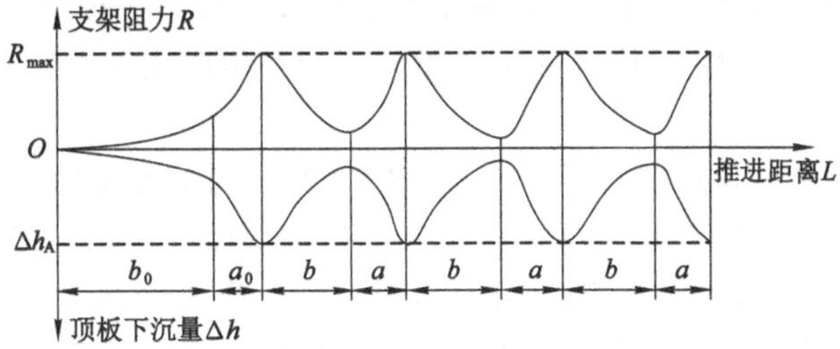

图 5-8 给定变形条件下增阻支架压力显现规律

3. 简述限定变形状态下支架的压力显现规律。

答：支架根据其自身承载性能不同，可分为增阻支架和恒阻支架，其中当前应用较广泛的为恒阻支架。

如图 5-9 所示，限定变形工作状态下，增阻支架受力与采煤工作面顶板下沉量的变化规律一致。在岩梁相对稳定运动阶段，随岩梁悬跨度由 L_i 增加至 L_i+b，采煤工作面顶板下沉量 Δh 由来压结束时的最大值 Δh_i 逐渐下降至最小值 $\Delta h'$。同时，支架受力值由来压结束时的最大值 R_T 降至来压前夕的最小值 R'。当岩梁进入显著运动阶段，随岩梁悬跨度由 L_i+b

降至 L_i，采煤工作面顶板下沉量由 $\Delta h'$ 增至 Δh_i，支架受力将由 R' 迅速上升至 R_T。

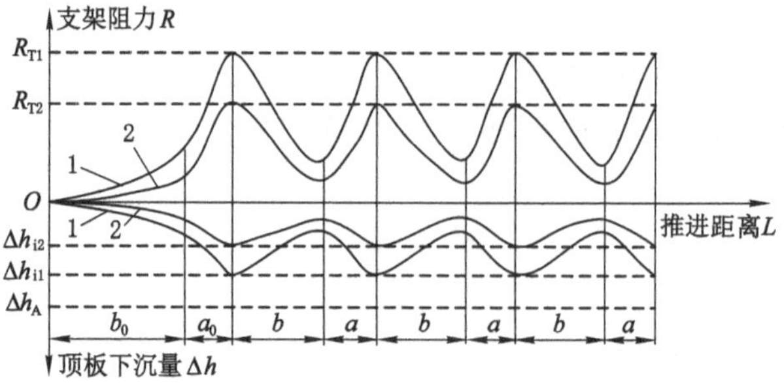

注：曲线1、2表示对工作面顶板下沉量不同的限定程度。

图 5-9　限定变形条件下增阻支架压力显现规律

限定变形工作状态下，恒阻支架受力与采煤工作面顶板下沉量无直接关系。如图 5-10 所示，随岩梁每一次进入显著运动阶段，顶板压力达到 R_0 后，支架上的压力显现就会出现稳定的恒阻段；随岩梁每一次进入相对稳定运动阶段，支架上的压力显现又降至初撑力 R'_0。随岩梁周期性的运动，支架上的压力显现将周期性地出现稳定的恒阻段。

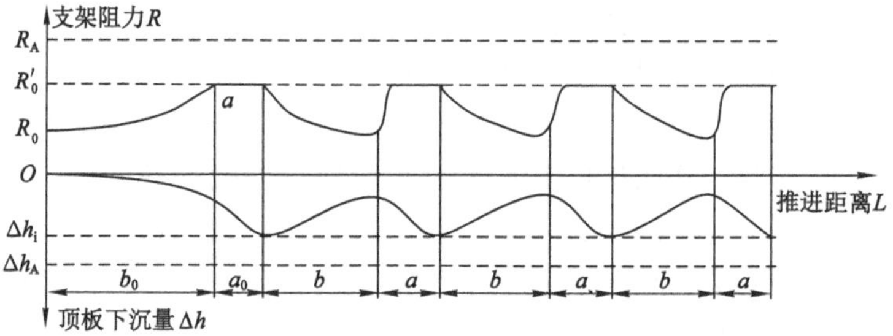

图 5-10　限定变形条件下恒阻支架压力显现规律

4. 试对比分析给定变形和限定变形两种状态下，支架压力显现规律的异同。

答：支架根据自身承载性能不同，可分为增阻支架和恒阻支架，其中当前应用较广泛的为恒阻支架。

增阻支架在给定变形和限定变形工作状态下，支架压力的变化规律相近，而压力最大值有明显差异。在岩梁相对稳定运动阶段，随岩梁悬跨度增加，支架受力由来压结束时的最大值降至来压前夕的最小值；进入显著运动阶段，随岩梁悬跨度减小，支架受力将迅速上升至最大值。给定变形下支架压力最大值由支架性质和顶板最大下沉量决定，而限定变形下则由支架对顶板的限定程度决定，后者通常大于前者。

恒阻支架在给定变形和限定变形工作状态下，支架压力的大小和变化规律相近。当岩梁前次来压结束时，支架凭借初撑力支撑顶板；进入显著运动阶段，支架将承担基本顶岩梁的作用力，支架受力将迅速上升，达到一定值后阻力不再上升，出现稳定的恒阻段。随岩梁再次进入相对稳定运动阶段，支架上的压力显现又降至初撑力。

6 采煤工作面顶板控制及设计

6.1 学习指南

6.1.1 本章概述

本章主要介绍采煤工作面支架-围岩关系及支架合理支护强度、支架工作特性及实际支撑能力、放顶煤采煤法分类及适用条件、放顶煤顶板结构及支架类型、浅埋煤层定义及矿压显现规律等，并讨论了采煤工作面顶板控制设计方法及支架需控岩层范围，提出了放顶煤、浅埋煤层工作面的支架-围岩关系和支架合理支护阻力。

6.1.2 本章教学目的与要求

(1) 了解采煤工作面顶板分类方法和采空区顶板处理方法，掌握采煤工作面支架-围岩关系及合理支护强度的确定方法、支架（支柱）工作特性及实际支撑能力的确定方法；

(2) 了解单体支柱工作面顶板控制设计方法，掌握综采工作面顶板支护设计方法；

(3) 掌握综采放顶煤工作面顶板结构分类及支架-围岩关系，了解综放液压支架类型及选择；

(4) 了解浅埋煤层工作面矿压显现规律及顶板控制设计方法，了解刀柱式长壁采煤方法的顶板控制方法。

6.1.3 本章重点与难点

本章的重点是理解和掌握采煤工作面支架-围岩关系及支架合理支护强度的确定方法，包括支架对顶板的工作状态、位态方程和合理支护强度的确定方法，以及综采放顶煤采场不同顶板结构形式的形成条件及支架-围岩关系。本章的难点是掌握支架对基本顶采取不同工作状态时支架阻抗力与岩梁位态间的力学关系、位态方程。

6.2 习题解答

1. 如何理解直接顶厚度对基本顶来压显现程度的影响？

答：直接顶厚度对基本顶岩梁运动在工作面内的矿压显现程度、周期来压强度等影响很大。采高、岩性等条件相同时，直接顶厚度越大，其垮落后对采空区充填高度越大，由此将导致基本顶岩梁回转下沉运动空间越小，来压强度越小，即来压显现不剧烈，对工作面威胁也越小；反之，直接顶厚度越小，基本顶来压显现程度越剧烈。

2. 对于新建矿井或新采区，如何对首采面进行直接顶分类和基本顶分级？

答：(1) 直接顶分类

根据《缓倾斜煤层采煤工作面顶板分类》(MT 554—1996)，选择平均直接顶初次垮落步距 $\overline{L}_Z$ 为分类指标，同时综合考虑直接顶单轴抗压强度、分层厚度、节理裂隙间距及顶板岩层抗弯能力，将采煤工作面直接顶分为 4 类，见表 6-1。

表 6-1 直接顶分类

<table>
<tr><th colspan="3">直接顶类别</th><th>指标</th><th>岩性描述</th></tr>
<tr><td rowspan="2">1 类</td><td rowspan="2">不稳定</td><td>1a</td><td>$\overline{L}_Z \leqslant 4$ m</td><td>泥岩、泥页岩，节理裂隙发育或松软</td></tr>
<tr><td>1b</td><td>4 m$< \overline{L}_Z \leqslant$8 m</td><td>泥岩、碳质泥岩，节理裂隙较发育</td></tr>
<tr><td>2 类</td><td colspan="2">中等稳定</td><td>8 m$< \overline{L}_Z \leqslant$18 m</td><td>致密泥岩、粉砂岩、砂质泥岩，节理裂隙不发育</td></tr>
<tr><td>3 类</td><td colspan="2">稳定</td><td>18 m$< \overline{L}_Z \leqslant$28 m</td><td>砂岩、石灰岩，节理裂隙很少</td></tr>
<tr><td>4 类</td><td colspan="2">非常稳定</td><td>28 m$< \overline{L}_Z \leqslant$50 m</td><td>致密砂岩、石灰岩，节理裂隙极少</td></tr>
</table>

(2) 基本顶分级

根据《缓倾斜煤层采煤工作面顶板分类》(MT 554—1996)，选择基本顶初次来压当量 P_e 为分类指标(其值由基本顶初次来压步距 c_0、直接顶厚度和采高的比值 N、采高 h 等确定)，将采煤工作面基本顶分为 4 级，见表 6-2。

基本顶初次来压当量 P_e 按下式计算，即

$$P_e = 241.3\ln c_0 - 15.5N + 52.6h \tag{6-1}$$

表 6-2 基本顶分级

<table>
<tr><th>基本顶级别</th><th colspan="2">来压程度</th><th>指标</th><th>岩性</th></tr>
<tr><td>Ⅰ</td><td colspan="2">不明显</td><td>$P_e \leqslant 895$</td><td>一般砂页岩</td></tr>
<tr><td>Ⅱ</td><td colspan="2">明显</td><td>$895 < P_e \leqslant 975$</td><td>层理不发育的砂页岩及小厚度砂岩</td></tr>
<tr><td>Ⅲ</td><td colspan="2">强烈</td><td>$975 < P_e \leqslant 1\ 075$</td><td>4～5 m 厚的细粒及中粒砂岩</td></tr>
<tr><td rowspan="2">Ⅳ</td><td rowspan="2">非常强烈</td><td>Ⅳa</td><td>$1\ 075 < P_e \leqslant 1\ 145$</td><td>厚度>10 m 的砂岩</td></tr>
<tr><td>Ⅳb</td><td>$P_e > 1\ 145$</td><td>高强度砂岩</td></tr>
</table>

3. 某综采工作面所采 3 煤为近水平煤层，采高为 2.4 m，控顶距为 4.5 m。直接顶厚度为 4.8 m，碎胀系数为 1.3，重力密度为 25 kN/m^3，允许拉应力为 1 500 kN/m^2，悬顶距为 1.0 m；基本顶由 6.4 m 厚的单一岩梁组成，重力密度为 26 kN/m^3，允许拉应力为 2 080 kN/m^2，基本顶的周期来压步距按其初次来压步距的 1/3 考虑。已知综采液压支架的最大可缩量为 0.6 m。

(1) 估算直接顶和基本顶的运动参数。

(2) 确定支架对基本顶应采取的工作状态(仅考虑支架的可缩量)。

(3) 确定采场的合理支护强度。

答：(1) 直接顶厚度为 4.8 m，重力密度为 25 kN/m³，允许拉应力为 1 500 kN/m²，则直接顶初次来压步距为：

$$c_{Z0} = \sqrt{\frac{2m_Z[\sigma_t]}{\gamma_Z}} = \sqrt{\frac{2 \times 4.8 \times 1.5 \times 10^6}{25 \times 10^3}} = 24\ (\mathrm{m}) \tag{6-2}$$

基本顶由单一岩梁组成，厚度为 6.4 m，重力密度为 26 kN/m³，允许拉应力为 2 080 kN/m²，则基本顶的初次来压步距为：

$$c_{E0} = \sqrt{\frac{2m_E[\sigma_t]}{\gamma_E}} = \sqrt{\frac{2 \times 6.4 \times 2.08 \times 10^6}{26 \times 10^3}} = 32\ (\mathrm{m}) \tag{6-3}$$

基本顶的周期来压步距按其初次来压步距的 1/3 考虑，则基本顶的周期来压步距为10.67 m。

综上，直接顶初次来压步距为 24 m；基本顶初次来压步距为 32 m，周期来压步距为10.67 m。

(2) 假设支架对基本顶采用给定变形工作状态，则基本顶岩梁初次来压时，岩梁运动至最低位态时的采场顶板下沉量为：

$$\Delta h_{0A} = \frac{2[h + m_Z(1 - K_A)]}{c_0} L_K = \frac{2 \times [2.4 + 4.8 \times (1 - 1.3)]}{32} \times 4.5 = 0.27\ (\mathrm{m}) \tag{6-4}$$

基本顶岩梁周期来压时，岩梁运动至最低位态时的采场顶板下沉量为：

$$\Delta h_A = \frac{[h + m_Z(1 - K_A)]}{c} L_K = \frac{[2.4 + 4.8 \times (1 - 1.3)]}{10.67} \times 4.5 = 0.40\ (\mathrm{m}) \tag{6-5}$$

在这种工作状态下，为了防止支架在岩梁运动过程中被压死，所要求的最大允许缩量须满足以下关系式：

$$\left.\begin{array}{l} \text{基本顶初次来压期间，} \varepsilon_{max} \geqslant \Delta h_{0A} - \sum\delta \\ \text{基本顶周期来压期间，} \varepsilon_{max} \geqslant \Delta h_A - \sum\delta \end{array}\right\} \tag{6-6}$$

式中　ε_{max}——支架最大允许缩量，此处取 0.6 m；

$\sum\delta$——支柱破顶钻底及辅助支护物压缩量，根据题目取 0。

当支架对基本顶采用给定变形工作状态时，支架最大允许缩量满足上式，则支架对基本顶采用给定变形工作状态。

(3) 合理的支护强度应按支的准则和防滑准则分别进行计算，最大值即为合理的支护强度。

① 直接顶初次垮落期间

$$P \geqslant \frac{m_Z \gamma_Z L_Z}{2L_K} = \frac{4.8 \times 25 \times 10^3 \times 24}{2 \times 4.5} = 320\ (\mathrm{kPa}) \tag{6-7}$$

② 基本顶初次来压期间

直接顶厚度和采高的比值 $N = 2$，则岩重分配系数为：

$$K_T = 2N = 4 \tag{6-8}$$

当直接顶有悬顶且悬顶距 $L_S < 2$ m 时，直接顶作用力为：

$$A = \frac{m_Z \gamma_Z (L_S + L_K)^2}{L_K^2} = \frac{4.8 \times 25 \times 10^3 \times (1 + 4.5)^2}{4.5^2} = 179\ (\mathrm{kPa}) \tag{6-9}$$

支架在给定变形状态下工作时，其支护强度为：

$$P = A + \frac{m_E \gamma_E c_0}{2K_T L_K} = 179 + \frac{6.4 \times 26 \times 10^3 \times 32}{2 \times 4 \times 4.5} = 327\ (\text{kPa}) \tag{6-10}$$

③ 正常推进阶段

支架在给定变形状态下工作时，其支护强度为：

$$P = A + \frac{m_E \gamma_E c}{K_T L_K} = 179 + \frac{6.4 \times 26 \times 10^3 \times 10.67}{4 \times 4.5} = 278\ (\text{kPa}) \tag{6-11}$$

④ 防止直接顶滑动的支护强度计算

a. 基本顶初次来压期间的支护强度

$$\sin \alpha_0 = \frac{2[h + m_Z(1 - K_A)]}{c_0} = 0.06 \tag{6-12}$$

$$P = A + \frac{Q m_Z \gamma_Z (L_S + L_K) \sin \alpha_0}{f L_K}$$

$$= 179 + \frac{3 \times 4.8 \times 25 \times 10^3 \times (1 + 4.5) \times 0.06}{0.3 \times 4.5} = 267\ (\text{kPa})$$

b. 基本顶正常推进阶段的支护强度

$$\sin \alpha = \frac{[h + m_Z(1 - K_A)]}{c} = 0.09 \tag{6-13}$$

$$P = A + \frac{Q m_Z \gamma_Z (L_S + L_K) \sin \alpha}{f L_K}$$

$$= 179 + \frac{3 \times 4.8 \times 25 \times 10^3 \times (1 + 4.5) \times 0.09}{0.3 \times 4.5} = 311\ (\text{kPa})$$

则采场合理的支护强度为 327 kPa。

4. 某单体支柱工作面，采高为 2.5 m，采用“见四回一”控顶方案，最大控顶距为 4.5 m，最小控顶距为 3.5 m。所采煤层直接顶为粉砂岩，厚度为 5.4 m，直接顶岩层碎胀系数为 1.25；基本顶为粗粒白色石英砂岩，其周期来压步距平均为 8 m；底板为粉砂岩。若单体液压支柱的最大可缩量为 0.5 m，试分析确定支柱对基本顶应采取的工作状态（仅考虑单体支柱的最大可缩量）。

答：研究表明，基本顶周期来压步距与初次来压步距比值一般为 1/4～1/3，此处按 1/3 计算，则基本顶初次来压步距为：

$$\frac{c}{c_0} = \frac{1}{3} \Rightarrow c_0 = 3c = 8 \times 3 = 24\ (\text{m}) \tag{6-14}$$

假设支柱对于基本顶工作状态为给定变形，则基本顶初次来压时，岩梁无阻碍沉降至最低位态时的采场顶板下沉量为：

$$\Delta h_{0A} = \frac{2[h + m_Z(1 - K_A)]}{c_0} L_K = \frac{2 \times [2.5 + 4.8 \times (1 - 1.25)]}{24} \times 4.5 = 0.49\ (\text{m}) \tag{6-15}$$

基本顶周期来压时，岩梁无阻碍沉降至最低位态时的采场顶板下沉量为：

$$\Delta h_A = \frac{h + m_Z(1 - K_A)}{c} L_K = \frac{2.5 + 4.8 \times (1 - 1.25)}{8} \times 4.5 = 0.73\ (\text{m}) \tag{6-16}$$

在这种工作状态下，为了防止支柱在岩梁运动过程中被压死，所要求的最大允许缩量须满足以下关系式：

$$\left.\begin{array}{l}\text{基本顶初次来压期间}, \varepsilon_{max} \geqslant \Delta h_{0A} - \sum\delta \\ \text{基本顶周期来压期间}, \varepsilon_{max} \geqslant \Delta h_{A} - \sum\delta\end{array}\right\} \tag{6-17}$$

式中 ε_{max} ——支柱最大允许缩量，此处取 0.5 m；

$\sum\delta$ ——支柱破顶钻底及辅助支护物压缩量，根据题目取 0。

在基本顶初次来压期间，支柱最大允许缩量满足上式，但基本顶周期来压期间支柱最大允许缩量不满足上式。因此，支柱不能对基本顶采用给定变形工作状态，宜采用限定变形工作状态。

5. 某普采工作面煤层倾角为 13°，采高为 2.4 m，控顶距为 4.0 m；直接顶厚度为4.8 m，初次垮落步距为 13 m，悬顶距为 1.0 m；基本顶厚度为 6.4 m，初次来压步距为 25 m，周期来压步距为 10 m。工作面支护为单体支柱加铰接顶梁支护方式，支柱实际支撑能力为 173 kN/根。试按照给定变形工作状态计算工作面正常推进阶段的支护强度（直接顶、基本顶的重力密度均为 25 kN/m³），并确定支护密度和单体支柱的柱距（排距为 1 m）。

答：(1) 工作面正常推进阶段的支护强度

当直接顶有悬顶且悬顶距 $L_S < 2$ m 时，直接顶作用力为：

$$A = \frac{m_Z\gamma_Z (L_S + L_K)^2}{L_K{}^2} = \frac{4.8 \times 25 \times 10^3 \times (1 + 4.0)^2}{4.0^2} = 187.5\ (\text{kN/m}^2) \tag{6-18}$$

直接顶厚度和采高的比值 $N = 2$，则岩重分配系数 $K_T = 2N = 4$。

支柱对基本顶采取给定变形的工作状态，则工作面正常推进阶段的支护强度为：

$$P = A + \frac{m_E\gamma_E c}{K_T L_K} = 187.5 + \frac{6.4 \times 25 \times 10^3 \times 10}{4 \times 4} = 287.5\ (\text{kN/m}^2) \tag{6-19}$$

(2) 支护密度

$$n = \frac{p}{R_T} = \frac{287.5}{173} = 1.66\ (\text{根/m}^2) \tag{6-20}$$

(3) 柱距

$$e = \frac{1}{ng} = \frac{1}{1.66 \times 1} = 0.602\ (\text{m}) \tag{6-21}$$

则工作面正常推进阶段的支护强度为 187.5 kN/m²，支护密度为 1.66 根/m²，单体支柱的计算柱距为 0.602 m，向下取整为 0.6 m。

6. 离层是复合顶板发生推垮型冒顶事故的前提，采取哪些有效措施可以防止复合顶板的离层？

答：防止复合顶板推垮型冒顶事故最直接的手段是采用综采或倾斜长壁开采。防止复合顶板离层的主要措施有：

(1) 工作面伪斜布置。限制六面体沿工作面向下侧滑移，伪斜布置可使顶板下滑力减小。

(2) 回采巷道不破顶掘进，杜绝提供人为形成六面体下滑的空间。

(3) 控制采高。使垮落岩层充满采空区，抑制采动后六面体的自由运动空间，阻止顶板沿层面方向运动。

(4) 工作面初采禁止反向推采。由于工作面在开切眼内滞留时间长，反向推采煤柱使控顶区范围增大，新增设的支柱整体性较差，支护阻力较小，顶板离层普遍而且范围较大，极易发生推垮型冒顶事故。

(5) 采用戗柱(斜撑柱)提供阻止顶板沿层面滑移的反力。根据倾角及岩层可能运动情况采用向上、向前和向后的戗柱，分别预防工作面复合顶板向下、向工作面煤壁和向采空区方向的推垮。

(6) 对开切眼顶板布置锚杆或锚索支护，预防顶板离层。

(7) 提高立柱初撑力和刚度。提高立柱的初撑力和刚度，使初撑力不仅能支撑住顶板下位软岩层，而且能使软岩层贴紧硬岩层，让其间的摩擦力足够阻止软岩层下滑，从而支架本身也能稳定。

(8) 在煤层倾角较大时，采用倾向连接的整体支护。在易发生复合顶板推垮的地点和时间，用拉钩连接倾向支柱，提高支柱的整体稳定性。

7. 若煤层厚度为 8～12 m，煤层的冒放性适中，顶板由大厚度坚硬岩层组成，回采后垮落步距大，顶板运动对工作面威胁很大。若采用放顶煤开采，应采用哪种放顶煤采煤方法？

答：由于顶板由大厚度坚硬岩层组成，垮落步距大，顶板运动对工作面威胁很大，因此不宜采用整层放顶煤采煤法。煤层厚度为 8～12 m，也不宜采用水平分段放顶煤采煤法。考虑煤层的冒放性适中，可以采用预采顶分层放顶煤采煤法，即沿顶板在煤层中布置一个普通长壁采煤工作面(即采顶分层)，然后再沿底板布置放顶煤工作面进行回采，将底分层上部的顶煤放出。此时，一方面有利于提前使顶板坚硬岩层破碎，减弱矿山压力对顶煤的破碎作用；另一方面还能克服采用预采中间分层放顶煤采煤法时存在的增加自然发火的危险性和放煤时的煤尘量。

8. 若煤层厚度为 10～15 m，煤层坚硬，坚固性系数 f 大于 3，冒放性差，直接顶中等稳定。若采用放顶煤开采，应采用哪种放顶煤采煤方法？

答：由于煤层坚硬，f 大于 3，冒放性差，因此不宜采用整层放顶煤采煤法和预采顶分层放顶煤采煤法。加之煤层厚度为 10～15 m，直接顶中等稳定，也不宜采用水平分段放顶煤采煤法。因此可以采用预采中间分层放顶煤采煤法，这种方法对于硬度较大、难以直接放落的煤层适用性强。即先在煤层中间布置一个普通长壁采煤工作面进行开采，然后再沿底板布置放顶煤采煤工作面，中间分层工作面的位置应使底部放顶煤采煤工作面上方有 0.5 m 以上的护顶煤。

9. 煤层坚硬时，放顶煤采场的顶板容易形成“煤-煤”结构，可提前采取哪些煤层松动措施，以有利于顶煤顺利放出？

答：煤层坚硬时，由于下部顶煤已放出，在采空区内形成空洞，空洞上方是“煤-煤”结构，尽管在采空区侧能看到它，但又很难破坏它，应在开采前用软化方法(如注水、松动爆破)对顶煤进行预处理。

松动爆破可以按推进循环进行，也可以按推进步距进行。按推进步距进行松动爆破时，应在岩梁悬露跨度达到初次断裂步距前夕时采取措施。

注水软化可以采取预注水的方法，即在回采巷道准备出来以后，在回采巷道中对煤体进行预注水，也可以像松动爆破一样，在工作面推进过程中，按推进步距或推进循环进行注水。

10. 对于岩梁结构放顶煤采场，若基本顶岩梁由厚度大的坚硬岩层组成，放顶煤开采后基本顶运动剧烈，对采场造成较大威胁，特别是基本顶初次来压时，应采取哪些有效措施来防止坚硬基本顶岩梁运动对工作面造成冲击和威胁？

答：① 顶板处理。采用循环放顶和中部拉槽等强制放顶方法减小岩梁来压步距。

② 煤体处理。通常采用对煤体进行松动爆破或注水软化的方法。

③ 反程序开采。在厚煤层分层开采或近距离煤层群开采的条件下，当顶板具有剪切(断)运动的危险时，可采用反程序开采，即先采下分层或下层煤，这样可使原来顶板的剪切(断)运动转化成弯拉运动。

反程序开采无须对顶板和煤体进行人工处理，是最经济的方法，在条件具备时应优先选择。

6.3　难题解析

1. 简述采煤工作面顶板控制设计的主要流程。

答：采煤工作面顶板控制设计包括选择采空区顶板处理方法、预计顶板运动规律、确定支护强度、选择支护形式、确定支护参数、制定工作面日常顶板管理方案。对某一具体工作面而言，一是确定需控岩层范围及类别，预测其运动规律；二是了解所用支护手段及在井下的实际特性和支撑能力；三是确定采煤工作面支架-围岩关系，并确定合理的支护强度；四是进行支护形式、支护参数的选择与计算；五是进行常见顶板事故的预测并提出相应的控制方法。采煤工作面顶板控制设计流程如图 6-1 所示。

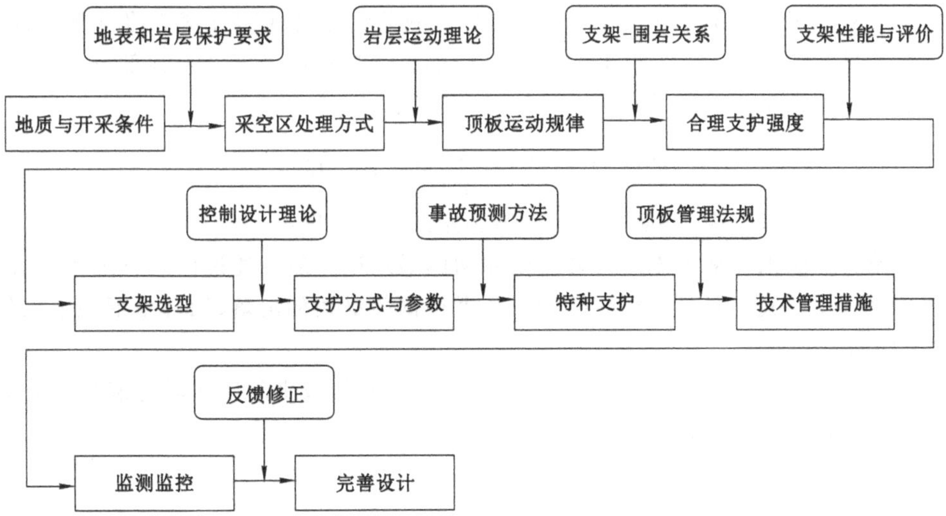

图 6-1　采煤工作面顶板控制设计流程

2. 根据传递岩梁理论，如何理解采煤工作面的位态方程及支架-围岩关系？

答：传递岩梁理论提出位态方程的表达式如式(6-22)所示。该式阐明了支架-围岩之间双曲线关系，同时还进一步指明了直接顶在位态方程中的作用。

$$P = A + K\frac{\Delta h_A}{\Delta h_i} \tag{6-22}$$

式中　P——支护强度；

A——直接顶作用力；

Δh_A——控顶末排最大顶板下沉量；

Δh_i——要控制的顶板下沉量；

K——位态常数，由岩梁参数和控顶距决定。

支架-围岩关系如图 6-2 所示，其中，阴影部分为非法工作区，$b'c$ 段为梁式结构给定变形 Δh_A 工作段，bc 段为拱梁或类拱结构分层压实时的工作段，ΔS 为离层压实量，P_{EM} 为直接顶与基本顶的接触应力。ab 或 ab' 段为限定变形工作段。cd 段表示支架不能支撑直接顶的重力，因此 cd 段是非法工作区。

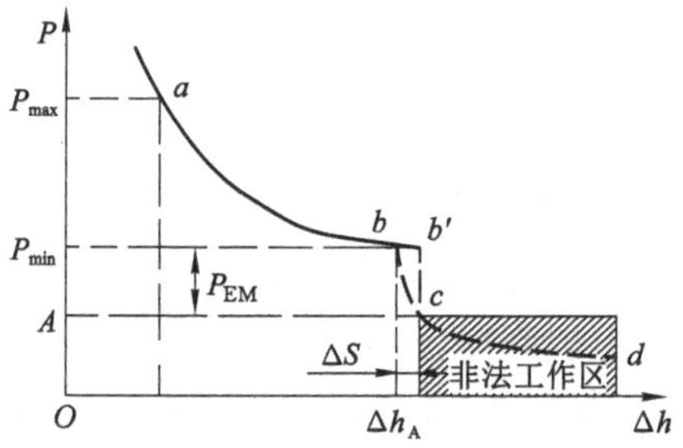

图 6-2 支架-围岩关系图

3. 简述我国液压支架工作阻力和初撑力的确定方法。

答：(1) 我国确定支架合理工作阻力的方法有载荷估算法、理论分析法及实测统计法。

① 载荷估算法认为支架合理工作阻力 P 应能承受控顶区内以及悬顶部分的全部直接顶岩重 Q_1 和基本顶来压时形成的附加载荷 Q_2，则有：

$$P = Q_1 + Q_2 = \sum_{i=1}^{n} m_{Zi} l_i \gamma_i + Q_2 \tag{6-23}$$

式中 m_{Zi}、l_i、γ_i——第 i 层直接顶的厚度、悬顶距及重力密度。

② 理论分析法主要基于传递岩梁理论和砌体梁理论。前者通过位态方程计算合理工作阻力，在此基础上进行设计、选择或校验；后者根据关键块的滑落、回转变形稳定条件，计算合理工作阻力。

③ 实测统计法基于大量统计结果，认为支架的时间加权平均工作阻力服从正态分布，将支架合理工作阻力 P 表示为：

$$P = P_t + k\hat{\sigma} \tag{6-24}$$

式中 $\hat{\sigma}$——标准差；

k——置信系数；

P_t——同一循环的支架时间加权平均工作阻力。

(2) 液压支架初撑力是指支架架设时对顶板岩层的支撑力，其确定方法主要有以下两种。

① 按防止直接顶与基本顶之间离层的要求确定初撑力。此时，初撑力应当能承受住直接顶的重力，即

$$P_{0H} = \frac{m_Z \gamma_Z}{q\eta} \tag{6-25}$$

式中 P_{0H}——支架初撑力，MPa；

q——工作压力损失系数，取 0.8 左右；

η——支架支撑效率。

② 依据支架初撑力 P_{0H} 与额定工作阻力 P_H 的合理比值确定支架初撑力。根据大量统计结果，P_{0H}/P_H 合理值宜取 60%～85%。对于 1、2 类直接顶，P_{0H}/P_H 值宜取 75%～85%；对于 2、3 类直接顶，P_{0H}/P_H 值宜取 60%～75%。

7 短壁与超长工作面顶板运动规律

7.1 学习指南

7.1.1 本章概述

对于生产时间较长的矿井，常常存在残留煤柱、残采煤区、不规则块段和地质构造复杂的煤层，而对于这些区域煤层常常采用短壁机械化开采；同时，对于一些地质条件较好、煤层稳定的矿井，一般都采用超长壁综合机械化开采。本章主要介绍了短壁和超长工作面形式，并基于具体工程案例分析了两类工作面矿压显现特点。

7.1.2 教学目的及要求

(1) 掌握短壁工作面形式、工作面矿压显现特点及规律。

(2) 掌握超长工作面矿压显现特点。

7.1.3 本章重点难点

本章的重点是理解并掌握短壁和超长工作面顶板运动规律。

7.2 习题解答

1. 短壁采煤法包括哪几种采煤方法?

答：短壁开采是与长壁开采相对应的，以短壁工作面采煤为主要标志的采煤方法，是柱式体系采煤法的总称。短壁采煤法包括房式采煤法、房柱式采煤法、条带式采煤法，以及其他布置短工作面进行采煤的方法。

房式采煤法：在煤层内开掘一系列称为煤房的巷道，煤房间用联络巷相连，形成近似长条形或块状的煤柱。只采煤房，煤柱可留下不采，用以支撑顶板。有时房式采煤法也称为巷柱式采煤法。

房柱式采煤法：上述房式采煤法中，在煤房采出后再继续将煤柱按要求尽可能采出。

条带式采煤法：为了长期支撑上覆岩层和一定程度地减小地表和岩层移动与变形而采取的采一条、留一条的开采方法，一般有充填条带法和垮落条带法。

2. 旺采工艺按运煤方式一般分为哪几种？简述其运煤路线。

答:旺采(旺格维利采煤法)工艺按运煤方式一般分为以下两种:

(1) 连续采煤机→运煤车(梭车)→转载破碎机→连续运输系统→带式输送机工艺系统。

(2) 连续采煤机→连续运输系统→带式输送机工艺系统。

3. 旺格维利采煤法工作面有哪些主要设备?

答:旺格维利采煤法工作面的设备主要有截割设备、运输设备和支护设备。截割设备主要是连续采煤机,它可以掘进巷道,也可以布置在采煤工作面。运输设备有梭车或连续运煤系统、刮板输送机和带式输送机等。支护设备有锚杆(索)钻车、履带行走式液压支架,以及锚杆、锚索等。

4. 简述旺采工作面矿压显现特点。

答:(1) 直接顶的初次垮落步距较柱式开采条件下要大,视直接顶岩层情况,一般为70 m 以上。直接顶较厚的条件下,初次垮落容易形成飓风,造成人员伤亡。

(2) 巷道和支巷局部常出现面积为10 m^2左右的小范围直接顶冒顶,巷道交岔点区段煤柱上部靠近顶板处会有局部片帮并伴有响声;采空区所留小煤柱破坏严重。

(3) 巷道变形在其掘出的3周时间内变化较大,之后趋于平缓;支巷两帮收敛量较小,在合理煤柱宽度条件下,能保证支巷煤帮自稳,不需要进行支护。

(4) 有锚杆支护的巷道顶板发生离层现象是普遍的,锚固区内顶板离层量很小,锚固区外顶板离层量大,但总离层量不大。

(5) 当连续采煤机回收煤柱后,顶板岩层达到极限垮落步距时,顶板岩层垮落,从而形成采场来压。采空区残留煤柱尺寸较小,在工作面回采过程中已进入塑性状态而失去承载能力,从而对采空区顶板垮落影响很小。

5. 简述超长工作面矿压显现特点。

答:(1) 随着工作面长度的增加,初次来压步距会减小。

(2) 工作面来压呈现大小周期性变化,且大周期来压阶段支架工作阻力大、来压范围广,几乎分布在整个工作面,而小周期来压阶段支架工作阻力相对较小、周期来压范围小,且周期来压持续时间短、步距小。

(3) 超长工作面压力倾向分布特征明显有别于一般长度工作面。工作面大周期来压期间工作面压力倾向分布呈现三峰值W形特征,即工作面来压期间存在3个不同的压力峰值区域,压力峰值区域之间界限明显,且这3个区域基本同步来压。工作面除两端头外其他区域普遍来压,且压力峰值点支架工作阻力明显大于其他区域。

6. 长壁工作面的长度受制于哪些因素?

答:采用长壁采煤法时,工作面长度主要受制于经济因素(工作面产量、生产成本、万吨掘进率、生产效率)、煤层赋存条件(煤层倾角、瓦斯含量、地质构造等)和岩层控制因素(顺槽和工作面顶板控制)等。具体采用的工作面长度,应根据上述因素进行综合分析确定。

7.3 难题解析

1. 绘图并简述旺采双翼进刀线煤柱开采模式。

答:旺采双翼进刀线煤柱开采模式如图7-1所示。回采支巷两侧煤柱时斜切进刀,进刀深度一般以不割透支巷煤柱为准，刀与刀之间沿区段倾斜长度方向留设一条长煤柱不回收。区段的一侧为运输巷和辅助运输巷，另外三侧为隔离煤柱。煤柱回采采用双翼进刀，在支巷内向两侧煤柱进刀，支巷口煤柱和工作面巷道间的煤柱不再回收，用于支撑顶板。

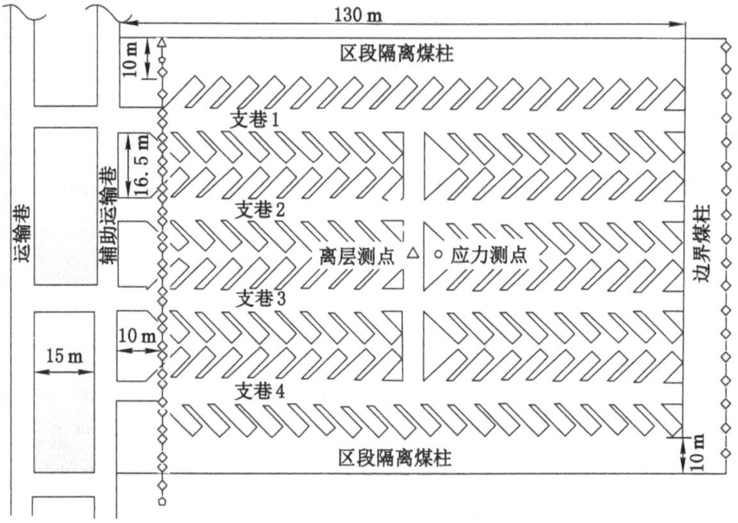

图 7-1　旺采双翼进刀线煤柱开采

2. 简述加长工作面的优点。

答：(1) 减少工作面数目，减少了工程量。由于工作面的加长，显然在一定的长度内布置工作面的数量减少，降低了巷道的掘进率，从而减少了工程量。

(2) 减少设备安装，减少大修和租赁费用。工作面长度增加，工作面数目相对减少，相应减少了掘进设备和工作面生产设备的安装、撤除及大修和租赁费用。

(3) 有利于实现矿井高产高效。工作面面长的加大，减少了工作面回采时采煤机进刀的次数，减少了工作面端头支护时间，保证了工作面有效生产时间，有利于提高工作面产量，保证矿井总产量的持续稳定。

(4) 提高了采出率，减少了煤炭损失量。工作面的加长，使得煤柱的留设适当地减少了一些，从而增加了煤炭的采出量，提高了采出率。

8　回采巷道矿压理论与支护设计

8.1　学习指南

8.1.1　本章概述

回采巷道是采煤工作面通风、行人、运输的咽喉，又受回采工作引起的覆岩运动和支承压力的作用，其维护状况直接影响矿井正常生产和经济效益。根据矿山压力分布及显现规律选择回采巷道的合理位置并进行有效支护十分重要。本章主要从采动影响的角度重点介绍煤层巷道开掘的位置和时间、回采巷道围岩变形预计方法、回采巷道围岩稳定性分类方法和回采巷道支护设计方法。

8.1.2　教学目的及要求

(1) 掌握煤层巷道开掘的合理位置和时间，了解无煤柱开采的理论、方法。

(2) 掌握回采巷道围岩变形量预计方法，并能针对具体工程进行分析计算。

(3) 了解巷道围岩分类依据，掌握回采巷道围岩稳定性分类方法。

(4) 掌握回采巷道支护设计方法，包括如何选择支护类型和支护方式及计算支柱密度等。

8.1.3　本章重点难点

本章的重点是理解并掌握巷道开掘及支护设计相关知识，包括煤层巷道开掘的位置和时间，回采巷道围岩变形预计方法，回采巷道支护类型、支护方式及支柱密度计算等。本章的难点是如何正确预计巷道围岩变形量和如何进行巷道支护设计。

8.2　习题解答

1. 试比较煤层处于弹性状态下，沿空留巷与各位置掘巷的优缺点。

答：(1) 沿空留巷

与沿空送巷相比，沿空留巷可以少掘一条巷道，减少掘进工程量和掘进费用，有利于矿井集中生产，改善矿井采掘接替关系，提高工作面单产。煤层处于弹性状态下沿空留巷时，由煤体变形所引起的巷道顶板下沉量小、帮压小，基本顶在煤体边缘裂断，由基本顶回转下沉所造成的顶板下沉量小，且支承压力高峰在煤体边缘，巷道底鼓量小。

(2) 各位置掘巷

煤层处于弹性状态下，存在沿空送巷(位置 1)、小煤柱送巷(位置 2)和大煤柱送巷(位置 3)等 3 个掘巷位置，如图 8-1 所示。

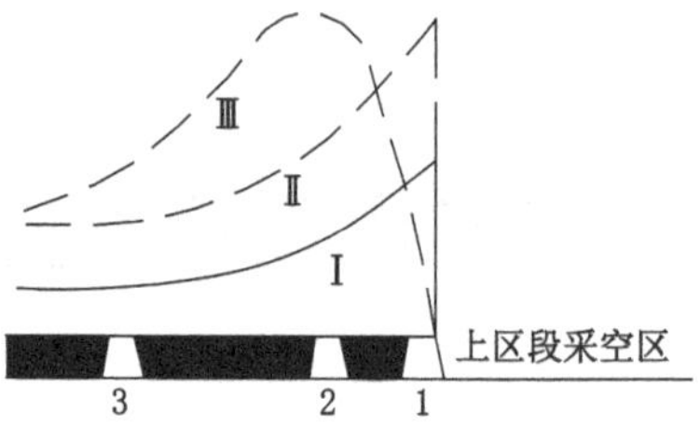

Ⅰ—上区段工作面后方侧向煤体上支承压力分布；
Ⅱ—下区段工作面推进时叠加支承压力分布(高峰在煤体边缘)；
Ⅲ—下区段工作面推进时叠加支承压力分布(高峰进入煤体内部)。

图 8-1　煤体边缘处于弹性状态下沿空留巷和掘巷

位置 1 掘巷时，由于煤体边缘处于弹性变形状态，故送巷引起的围岩变形较小。但受本工作面回采影响时，如果煤体边缘由于叠加支承压力的作用而进入塑性破坏状态，巷道围岩变形量会急剧增加；如果叠加支承压力峰值不足以使煤体边缘发生塑性破坏，则位置 1 的变形量不大。

位置 2 掘巷时，由于煤体边缘处于弹性变形状态，故送巷引起的围岩变形也较小。但受本工作面回采影响时，如果煤体边缘由于叠加支承压力的作用而进入塑性破坏状态，支承压力高峰要向煤体内部转移，位置 2 的巷道将处于叠加支承压力峰值区内，势必受到叠加支承压力高峰影响，围岩同样会进入塑性破坏状态，而且小煤柱可能失去稳定性，因此位置 2 的围岩变形也会急剧增加；如果叠加支承压力峰值不足以使煤体边缘发生塑性破坏，则其变形量不大。综上可知位置 2 掘巷不如位置 1。

位置 3 在原岩应力区中，只受超前支承压力作用，巷道围岩变形量最小。但煤柱损失大，且会给下部煤层开采带来不利影响，对深部开采和开采有冲击倾向性煤层更加不利。

2. 试比较煤层进入塑性状态下，沿空留巷与各位置掘巷的优缺点，并说明掘巷位置有哪几个。

答：(1) 沿空留巷

与沿空送巷相比，沿空留巷可以少掘一条巷道，减少掘进工程量和掘进费用，有利于矿井集中生产，改善矿井采掘接替关系，提高工作面单产。煤层进入塑性状态下沿空留巷时，支承压力高峰进入煤体内部，基本顶岩梁从煤体内部断裂，因此留巷的顶板下沉、底板鼓起、两帮移近都较大；煤层倾角较大时，容易出现支架滑倒及窜矸的现象。

(2) 各位置掘巷

煤层进入塑性状态存在内应力场条件下，主要有 4 种可能的掘巷位置：内应力场中的沿空送巷(位置 1)、小煤柱送巷(位置 2)，外应力场中的煤柱送巷(位置 3)和原岩应力区的大煤柱送巷(位置 4)等，如图 8-2 所示。

由于内应力场中的煤体已发生塑性破坏，处于卸压状态，因此内应力场中掘巷不会引起支承压力分布和煤体力学状态的明显变化。从顶板活动和支承压力分布发展过程来看，基

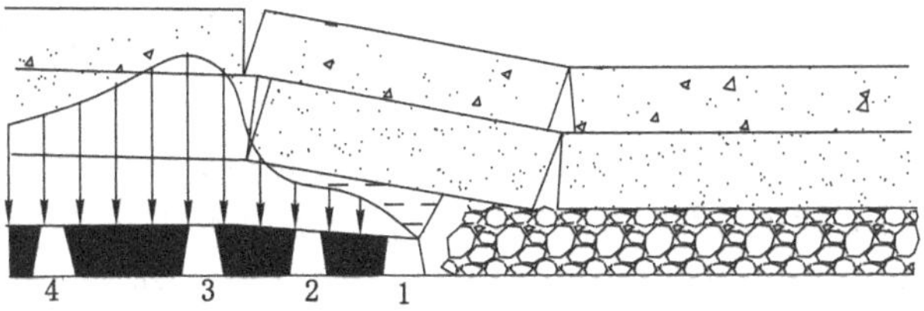

图 8-2 煤体边缘处于塑性状态下沿空留巷和掘巷

本顶岩梁触矸后（内应力场稳定后）在内应力场中送巷，不仅可以避免由于基本顶显著运动而产生很大的巷道顶板下沉，而且在覆岩稳定和压力叠加过程中内应力场的应力上升较小，巷道受采动影响较小。因此基本顶触矸后在位置 1 和位置 2 掘巷是合理的。

在位置 3 送巷时，巷道两帮煤体由三向受压状态变成单向受压状态，在支承压力峰值的作用下，巷道两帮煤体必然发生塑性破坏，送巷后即产生较大的围岩变形。尤其是受本工作面采动影响时巷道处于支承压力峰值叠加区内，巷道难以维护。

在位置 4 送巷仅受超前支承压力作用，巷道维护状况较好，但煤柱损失大。

3. 沿空留巷从掘进到报废要经过几个变形阶段？沿空掘巷与沿空留巷的变形阶段有什么区别？

答：(1) 沿空留巷要经历顶板活动和支承压力作用的全过程，在整个服务期间其围岩变形过程可分为 7 个阶段，如图 8-3 所示。

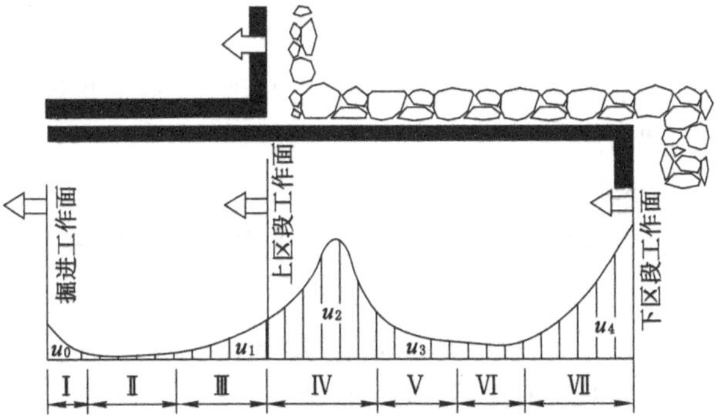

图 8-3 沿空留巷围岩变形过程

① 阶段Ⅰ：在煤体内开掘巷道后，巷道围岩应力重新分布，围岩发生显著移近。随着掘进时间延长，围岩移近速度将逐渐降低。

② 阶段Ⅱ：掘巷引起的应力重新分布趋向稳定后，由于煤层一般具有流变性质，巷道围岩仍保持一定变形速度。

③ 阶段Ⅲ：在上区段工作面超前支承压力作用下，围岩塑性区进一步扩大，围岩变形增长较快。

④ 阶段Ⅳ：在工作面后方岩梁断裂前弯曲下沉及岩梁断裂后显著运动过程中，基本顶岩梁运动迫使巷道顶板快速下沉，将造成很大的下沉量。

⑤ 阶段Ⅴ：在基本顶触矸后，随着采空区矸石压实，巷道围岩移近速度逐渐趋于稳定。

⑥ 阶段Ⅵ：回采引起的顶板活动和应力分布趋于稳定后，巷道围岩保持一定的流变速度。

⑦ 阶段Ⅶ:受下区段工作面回采影响时,支承压力叠加使煤柱塑性区显著增大,引起巷道围岩变形。

(2) 沿空掘巷与沿空留巷的变形阶段区别:沿空留巷的变形可划分为上述 7 个阶段,而沿空掘巷的变形根据掘巷时间不同有所不同。若在基本顶触矸后掘巷,其变形包括上述Ⅰ、Ⅴ、Ⅵ和Ⅶ共 4 个阶段;若在基本顶回转触矸前掘巷,其变形包括上述Ⅰ、Ⅳ、Ⅴ、Ⅵ和Ⅶ共 5 个阶段。

4. 沿空留巷、沿空送巷的巷道变形量分别由哪几部分组成?说明公式中各个参数的意义。

答:(1) 沿空留巷的围岩变形量

$$u = u_0 + u_1 + u_2 + u_3 + u_4 + u_5 \tag{8-1}$$

式中 u_0 ——因掘巷破坏了原始平衡状态所产生的变形量,主要与围岩稳定性和采深有关,占总变形量的比例很小;

u_1 ——超前支承压力作用下的巷道变形量,一般占总变形量的 10%左右;

u_2 ——工作面后方岩梁弯曲沉降和显著运动过程中的巷道变形量,由直接顶厚度、采高和基本顶悬跨度决定,一般占总变形量的 60%~70%;

u_3 ——基本顶显著运动后压实矸石过程中的巷道变形量,可以按碎胀系数从 1.35 压实到 1.05 左右计,一般占总变形量的 5%~8%;

u_4 ——巷道复用时工作面超前支承压力作用下的巷道变形量,一般占总变形量的 20%左右;

u_5 ——巷道存在期间围岩流动变形总和,它与围岩(特别是煤层)的流变特征和围岩应力及其变化情况有关。

(2) 沿空送巷的围岩变形量

基本顶触矸后在内应力场中送巷,巷道主要受采空区矸石压缩和下区段工作面回采的影响,其变形量为:

$$u = u_0 + u_3 + u_4 + u_5 \tag{8-2}$$

如果在基本顶断裂回转来压前送巷,其变形量为:

$$u = u_0 + u_2 + u_3 + u_4 + u_5 \tag{8-3}$$

5. 如何对沿空留巷巷道的变形量进行预计?公式中 u_2、u_3 如何根据岩梁运动参数进行计算?初始断面如何确定?

答:沿空留巷的围岩变形主要是由岩梁弯曲沉降和显著运动所引起的,其大小由基本顶运动的位态决定。通过实测确定基本顶岩梁运动特征参数,特别是端部断裂位置和采空区触矸位置,即可对留巷的主要变形量进行预计。

图 8-4 所示为留巷受基本顶运动影响的状况,该图表明以下关系:

$$\frac{\Delta h}{C} = \frac{h + m_Z - K_A m_Z}{L} \tag{8-4}$$

则有:

$$\Delta h = \frac{C}{L}[h - m_Z(K_A - 1)] \tag{8-5}$$

岩梁弯曲下沉和显著运动过程中的巷道变形量 u_2 为:

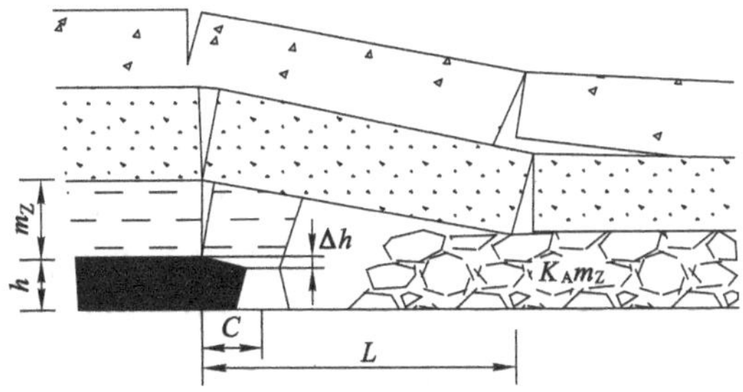

图 8-4 留巷受顶板运动影响的状况

$$u_2 = \Delta h = \frac{C}{L}[h - m_Z(K_A - 1)] \tag{8-6}$$

同理,压实矸石过程中的巷道变形量 u_3 为:

$$u_3 = \frac{C}{L}m_Z(K_A - K_C) \tag{8-7}$$

式中 h——采高,m;

m_Z——直接顶厚度,m;

C——巷道中线与岩梁端部断裂线距离,m;

L——岩梁悬跨度(端部断裂线到触矸点间的水平距离),m;

K_A——岩石碎胀系数,1.30～1.35;

K_C——矸石压实后的残余碎胀系数,1.00～1.05。

则受顶板活动影响造成的总变形量为:

$$u_2 + u_3 = \frac{C}{L}[h - m_Z(K_C - 1)] \approx \frac{Ch}{L} \tag{8-8}$$

巷道初始断面的形状和尺寸主要取决于巷道的用途,应根据围岩条件和矿压特点进行设计和确定,并应满足行人、运输、通风、管线敷设、设备与设施安装、检修以及施工的要求,其中,巷道的净断面须按支护最大允许变形后的断面进行设计和确定,并应按运送的最大件尺寸和通风能力进行校核。

6. 巷道支护类型有哪些?说明各支护类型的适用范围。

答:巷道基本支护类型按照支护的力学性能可分为刚性支架、可缩性支架和锚杆支护。刚性支架通常适用于开采深度不大、断面积小、压力不太大、变形较小的巷道。可缩性支架有拱形、环形和梯形等不同类型,适用于围岩变形较大的巷道,是受采动影响的巷道支护改革的主要方向之一。锚杆支护通常用于加固巷道顶板和两帮,当底板松软时也可用于加固底板,是当前巷道支护的重要手段。

7. 试述巷道支护方式确定的原则。

答:(1) 采用联合支护方式

巷道受支承压力作用和顶板活动的影响,支架与围岩相互作用关系比较复杂,在许多情况下应采用多种支护形式的联合支护。

① 采用锚杆和棚子联合支护。锚杆可以起到加固围岩、提高围岩自身的承载能力和稳定性的积极作用,能减小围岩的破坏范围和巷内支架的负担。

② 巷内永久加强支护。当巷道宽度较大时,为提高梯形或拱形支架的承载能力,可以

在原有支架的基础上设中柱或偏心柱。

③ 巷内临时加强支护。在工作面前方受采动影响较明显处开始架设临时支护，到工作面后方基本顶显著运动结束后拆除，可以取得明显的控制效果。

④ 巷内支架和巷旁支护联合支护。巷旁支护的宽度及与巷内支架的距离都不宜过大，否则会增加顶板悬跨度，那样对巷旁支护阻力和可缩量的要求更高。

(2) 保持良好的支架工作状态

支架的使用效果与掘巷工程质量和支护质量有关。进行良好的壁后充填、拱形支架架间增设拉撑装置有利于充分发挥支架承载能力，提高稳定性。底板岩性松软时，支架应穿“鞋”或设置底梁，避免支架钻底影响承载能力发挥。

8. 锚杆加固围岩的机理是什么？试评述目前锚杆支护理论发展现状。

答：锚杆加固围岩的机理（理论基础）主要有悬吊理论、组合梁理论、组合拱理论、最大水平应力理论、全长锚固中性点理论、松动圈理论、围岩强度强化理论、锚固力与围岩变形量关系理论和锚固平衡拱理论等。

发展现状：迄今为止，对锚杆支护机理还没有统一的认识，缺乏行之有效的、合理的计算方法，理论分析、数值计算与实际支护情况存在很大的差别。目前国内外主要采用悬吊理论、组合梁理论、组合拱理论三大理论进行锚杆支护参数设计，存在很多问题。今后应加大对理论的研究力度，改善实验装置，发明高精度的监测仪器，建立统一的、行之有效的支护理论和参数设计方法。

9. 如何对受采动影响巷道进行锚杆支护设计？

答：(1) 确定围岩破坏范围

根据回采巷道概化定量设计模型（图 8-5），按照破坏拱理论确定两帮破坏范围 c：

$$c=\left(\frac{K_c\gamma HK}{\sigma_c}-1\right)h\tan\left(45^\circ-\frac{\varphi}{2}\right) \tag{8-9}$$

顶板最大破坏范围 b：

$$b=\frac{a+c}{f_m} \tag{8-10}$$

式中 K_c——巷道周边挤压应力系数，取 $K_c=2.5$；

γ——巷道岩层的平均重力密度，kN/m^3；

K——采动应力集中系数；

σ_c——两帮煤体单轴抗压强度，MPa；

h——巷道高度，m；

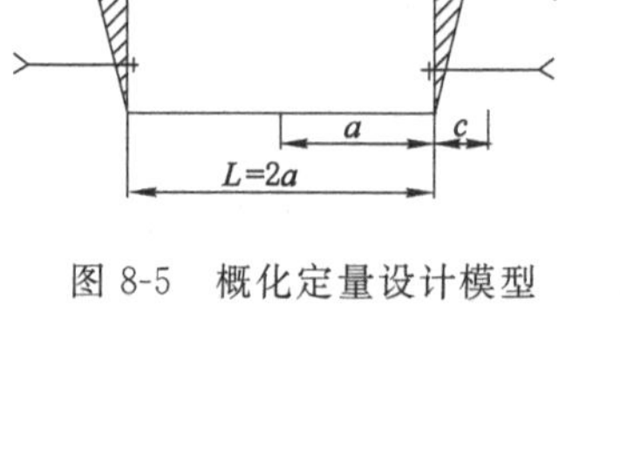

图 8-5 概化定量设计模型

H——埋深，m；

φ——煤层内摩擦角，(°)；

f_m——两帮煤体坚固性系数；

a——巷道的半跨距，m。

(2) 计算锚杆参数

① 计算帮锚杆长度。对于两帮的加固，可以将破坏范围的2/3处，即合力作用点所处位置，作为两帮支护的下限位置，而将破坏范围最深位置作为支护的上限位置。因此，两帮锚杆有效范围长度 $l_{帮}=\frac{2}{3}c\sim c$，考虑外露部分长度0.2 m，则实际帮锚杆长度 $l'_{帮}=l_{帮}+0.2$ m。

② 计算顶锚杆长度。以支护合力作用点为端点形成的拱高 b_1 作为顶板锚杆支护的长度下限，以顶板在支护条件下全松动范围拱高作为支护的长度上限，则顶板锚杆有效锚固长度 $l_{顶}$ 为：

$$l_{顶}=b_1\sim b=\frac{a+\frac{2}{3}c}{f_m}\sim\frac{a+c}{f_m} \tag{8-11}$$

考虑外露端长度0.2 m，则顶板锚杆的实际长度取 $l'_{顶}=l_{顶}+0.2$ m。

③ 当单根锚杆最大锚固力已知时，锚杆直径可由式(8-12)计算：

$$d=35.52\sqrt{\frac{Q}{\sigma_t}} \tag{8-12}$$

式中 Q——锚杆锚固力，kN；

d——锚杆直径，m；

σ_t——杆体材料的抗拉强度，MPa。

④ 计算顶板锚杆间排距。顶板锚杆应能有效承受拱内岩重且杆体抗剪强度能满足要求。

平衡拱内岩重所需锚杆间距 S_1 计算式为：

$$S_1=\sqrt{\frac{R_T}{k\gamma b}} \tag{8-13}$$

式中 R_T——锚杆的实际锚固力；

k——安全系数；

γ——煤的重力密度。

校核杆体抗剪强度所需锚杆间距 S_2 计算式为：

$$S_2=\sqrt{\frac{8(0.25\pi d^2\tau+P_0 f)l_{顶}}{3k_2\gamma(2a)b}} \tag{8-14}$$

式中 d——锚杆直径，mm；

τ——锚杆抗剪强度，MPa；

k_2——顶板抗剪安全系数，一般取3～5；

P_0——锚杆锚固力，kN；

$2a$——巷道跨度，m；

f——分层间摩擦系数；

$l_{顶}$——顶板锚杆有效锚固长度，m。

取 S_1、S_2 的小值作为顶板锚杆支护间距，即

$$S = \min\{S_1, S_2\} \tag{8-15}$$

10. 已知一巷道宽 3.2 m，高 2.3 m，两侧均为实体煤，两帮煤层的单轴抗压强度为 18.6 MPa，煤层的内摩擦角为 40°，埋深为 536.8 m。求帮锚杆及顶板锚杆实际长度并确定顶板锚杆间排距。

答：按照破坏拱理论，巷道两帮破坏范围按式(8-16)计算：

$$c = \left(\frac{K_c \gamma H K}{\sigma_c} - 1\right) h \tan\left(45° - \frac{\varphi}{2}\right) \tag{8-16}$$

式中　K_c——巷道周边挤压应力集中系数，按巷道断面形状及宽高比确定，当宽高比为 3.2/2.3=1.39 时，$K_c=3.0$；

γ——巷道岩层的平均重力密度，kN/m^3，取 $\gamma=25$ kN/m；

K——采动应力集中系数，两侧为实体煤，取 $K=1.1$；

σ_c——帮部煤层的单轴抗压强度，取 18.6 MPa；

φ——煤层内摩擦角，取 40°；

H——埋深，取 536.8 m；

h——巷道高度，取 2.3 m。

将上述参数代入式(8-16)，得：

$$c = \left(\frac{3.0 \times 25 \times 10^3 \times 536.8 \times 1.1}{18.6 \times 10^6} - 1\right) \times 2.3 \times \tan 25° = 1.481 \text{ (m)}$$

顶板最大破坏范围按式(8-17)预计：

$$b = \frac{a + c}{f_m} \tag{8-17}$$

将 $f_m=1.86$，$a=1.6$ m 代入式(8-17)得：

$$b = \frac{1.6 + 1.481}{1.86} = 1.66 \text{ (m)}$$

两帮锚杆有效范围长度 $l_{帮} = \frac{2}{3}c \sim c = 0.987 \sim 1.481$ m，取平均值为 1.234 m，考虑外露部分长度 0.2 m，则实际帮锚杆长度可取 1.5 m。

顶板锚杆有效锚固长度 $l_{顶} = b_1 \sim b = \dfrac{a + \frac{2}{3}c}{f_m} \sim \dfrac{a + c}{f_m} = 1.39 \sim 1.66$ m，取平均值为 1.525 m，考虑外露部分长度 0.2 m，则顶板锚杆的实际长度可取 1.8 m。

顶板锚杆应能有效承受拱内岩重，且杆体抗剪强度能满足要求。平衡拱内岩重所需锚杆间距 S_1 计算式为：

$$S_1 = \sqrt{\frac{R_T}{k\gamma b}} = \sqrt{\frac{40}{3 \times 13.5 \times 1.66}} = 0.78 \text{ (m)} \tag{8-18}$$

式中　R_T——锚杆的实际锚固力，取 $R_T=40$ kN/根；

k——安全系数，取 $k=3$；

γ——煤的重力密度，取 $\gamma=13.5$ kN/m^3。

校核杆体抗剪强度所需锚杆间距 S_2 计算式为：

$$S_2=\sqrt{\frac{8\times(0.25\pi d^2\tau+P_0 f)l_{顶}}{3k_2\gamma(2a)b}}$$

$$=\sqrt{\frac{8\times(0.25\times\pi\times0.02^2\times500\times10^3+40\times0.3)\times1.53}{3\times5\times13.5\times3.2\times1.66}}=1.4\ (\text{m})$$

式中 d——锚杆直径，按 ϕ 20 mm 螺纹钢计算；

τ——锚杆抗剪强度，据有关资料知 $\tau=500$ MPa；

k_2——顶板抗剪安全系数，取 3～5；

P_0——锚杆锚固力，据有关资料知 $P_0=40$ kN；

$2a$——巷道跨度，取 $2a=3.2$ m；

f——分层间摩擦系数，取 $f=0.3$；

$l_{顶}$——顶板锚杆有效锚固长度，m。

取 S_1、S_2 的小值作为顶板锚杆支护间距，即

$$S=\min\{S_1,S_2\}=0.78\ \text{m}$$

考虑施工的方便，实际可选取顶板锚杆支护间距为 0.7 m。

8.3 难题解析

1. 已知某矿井采用沿空留巷开采，回采巷道宽度为 4 m，工作面采高为 3.6 m，直接顶厚度为 4 m，岩梁的跨度为 80 m，岩梁在深入煤壁内部 8 m 处断裂，矸石压实后残余碎胀系数为 1.05，试预计沿空留巷受顶板运动影响的变形量。

答：岩梁弯曲下沉和显著运动过程中的巷道变形量 u_2 为：

$$u_2=\frac{C}{L}[h-m_Z(K_A-1)] \tag{8-19}$$

压实矸石过程中的巷道变形量 u_3 为：

$$u_3=\frac{C}{L}m_Z(K_A-K_C) \tag{8-20}$$

则预计受顶板活动影响而造成的总变形量为：

$$u_2+u_3=\frac{C}{L}[h-m_Z(K_C-1)]\approx\frac{Ch}{L} \tag{8-21}$$

式中 h——采高，3.6 m；

m_Z——直接顶厚度，4 m；

C——巷道中线与岩梁端部断裂线距离，m；

L——岩梁悬跨度(端部断裂线到触矸点间的水平距离)，80 m；

K_A——岩石碎胀系数，1.30～1.35；

K_C——矸石压实后的残余碎胀系数，1.05。

将上述参数代入式(8-21)，得：

$$u_2+u_3=\frac{10}{80}\times[3.6-4\times(1.05-1)]=0.425\ (\text{m})$$

即受顶板活动影响造成的总变形量为 0.425 m。

2. 论述影响巷道围岩变形量的主要因素及影响规律。

答:影响巷道围岩变形量的主要因素有地质因素和开采因素。

(1) 地质因素

① 顶板条件。基本顶岩梁悬跨度愈小,端部断裂线进入煤体内部的距离愈大,则沿空留巷的顶板下沉量也愈大。

② 底板条件。底板岩性对底鼓量的影响很大,特别是开采深度较大时这种影响更明显。底板岩性愈差,底鼓量愈大,底鼓量占顶底板移近量的比例最高能达到 60%~70%。

③ 开采深度。开采深度大,支承压力也大,煤体塑性破坏范围就大。巷道顶板下沉量、底鼓量、两帮移近量都随开采深度增大而增加。

④ 地质构造。由于构造运动影响,井下出现形态各异的节理、裂隙、层理、断层、褶曲等地质构造,一方面会使初始地应力产生变化,另一方面,当在构造区域开掘巷道时,地质构造的结构弱面与巷道相互切割,使巷道围岩自身承载能力大大降低,更易发生破坏失稳。

⑤ 水的影响。水包括地下水及工程用水,尤其是对含膨胀性矿物较多的岩石,水对其变形破坏的影响极大,不仅会造成黏土质岩的膨胀,同时还大大降低了岩石的强度。

⑥ 温度的影响。温度的变化也会影响岩体的力学性质,岩体内部会出现促使应变产生或发展的各种热效应,以及能引起岩石相变的应力张弛。一般来说,随温度升高,岩体延性加大,围岩强度降低,巷道围岩变形加剧。

(2) 开采因素

① 巷道开掘的位置和时间。巷道开掘的位置和时间不同,变形量也不同。岩梁触矸后在内应力场中送巷,不受顶板剧烈活动的影响,且避免了高应力的作用,围岩变形量较小。

② 支护阻力。支护阻力在一定程度上对围岩变形起着限制作用。在基本顶处于给定变形状态时,支护阻力使直接顶与基本顶贴紧,可以减小巷道变形量。采用强力的巷旁支护对巷道顶板移近能起到一定的控制效果,增大支护对煤帮的侧向工作阻力,可减小顶底板和两帮移近变形。

③ 扰动应力。工程环境变化和施工等产生的扰动应力,如邻近巷道施工、采动影响等,都会加剧巷道围岩的变形和破坏。

④ 掘进工艺及速度。综掘机掘进、钻眼爆破掘进等是当前常用的掘进工艺,不同掘进工艺对围岩初始损伤程度不同。爆破产生的震动波通常在围岩内产生一定宽度的塑性松动圈,从而降低围岩的强度。目前的巷道工程中都在不断提高掘进速度,掘进速度的快慢可能导致围岩结构演化、释放能量方式及速度等发生变化,也会影响围岩的变形破坏。

⑤ 采高。巷道顶底板和两帮移近量与采高呈线性关系增加。

⑥ 巷道宽度。留巷的顶板下沉量与巷道宽度呈线性关系增长。

⑦ 巷道高度。顶底板移近量与高度呈线性关系增长。

3. 试论述无煤柱开采技术的主要发展方向。

答:(1) 加强无煤柱开采巷道布置、开采顺序优化研究,结合不同的开采系统与工艺,确定合理的巷道掘进、留巷时空方案。

(2) 加强大采高、综放开采等高强度开采条件下无煤柱开采的适应性研究;加强复杂困难条件下沿空留巷、沿空掘巷围岩变形与破坏机理研究。

(3) 研究和开发适合大变形、有动力灾害沿空巷道的超高强度、高延伸率、高冲击韧性锚杆锚索材料,提高围岩大变形控制效果。

(4) 研究适合不同地质条件的巷旁支护形式，开发性能优越、成本低的充填材料，进一步优化巷旁支护参数，提高早期承载能力、保证长期承载能力、满足所需的变形能力。

(5) 加强沿空留巷巷内基本支护、加强支护及巷旁支护在支护强度、刚度及变形能力等方面的匹配性研究，充分发挥三种支护在时间与空间上的支护优势，通过三者协同支护，有效控制沿空留巷围岩变形与破坏。

(6) 深入研究沿空巷道卸压机理、支卸协同作用原理与技术。

(7) 研究沿空巷道快速施工工艺与装备，提高施工速度，满足采煤对掘进与留巷的要求。

(8) 研发无煤柱开采围岩控制的自动化、智能化施工技术、装备及智能控制系统，在显著提高施工速度和效率的同时，大幅度减少现场作业人员，实现少人化，进一步改善井下作业环境与安全程度。

注：上述答案仅作为参考，可并不局限于此。此题答案只要符合题意和当前技术发展趋势、言之有理即可。

9 冲击地压及其防治

9.1 学习指南

9.1.1 本章概述

冲击地压通常会瞬间造成采掘空间煤岩体抛出、底鼓等，对矿山安全开采造成极大的危害。随着煤炭资源开采逐渐转向深部，冲击地压发生的频次和烈度也显著增大，因此预防冲击地压对围岩稳定性的破坏已成为矿产资源开采过程中一个急需解决的关键、棘手问题。本章在对冲击地压特征和分类进行叙述的基础上，介绍了冲击地压发生的机理、冲击地压危险性评价技术及冲击地压预防措施等。

9.1.2 学习目的及要求

(1) 理解冲击地压的显现特征、分类。

(2) 理解冲击地压发生机理的相关理论，掌握冲击倾向性理论的相关参数。

(3) 理解动力区划理论，掌握冲击危险的综合指数法评价方法。

(4) 掌握冲击地压的主要预防措施。

9.1.3 本章重点难点

本章的重点是理解并掌握冲击危险的综合指数法评价方法，难点是掌握区域性预防的开采保护层方法等。

9.2 习题解答

1. 冲击地压一般如何分类？

答：冲击地压分类方法较多，不同专家从不同角度进行了多种分类，主要有以下几种：

(1) 按冲击时释放的地震能大小分为微冲击、弱冲击、中等冲击、强烈冲击和灾害性冲击。

(2) 根据参与冲击的煤岩体类别分为煤层冲击和岩层冲击。

(3) 根据冲击力源分为重力型、构造型、震动型和综合型。

(4) 按冲击地压的破坏后果分为一般冲击地压、破坏性冲击地压和冲击地压事故。

（5）根据地震仪或微震监测系统记录确定的冲击地压显现强度，按里氏地震计分为6级。

（6）按破坏机理分为材料失稳型、滑移错动型和结构失稳型。

（7）按主控因素分为顶板破断型、煤柱破坏型、断层滑移型和褶曲构造型。

2. 冲击地压成因和机理的解释主要有哪些理论？

答：强度比较高的煤（岩）层受构造运动和开采影响形成高度应力集中是冲击地压发生的根本原因。目前，解释冲击地压成因和机理的理论主要有以下几种：

（1）刚度理论。该理论认为试件的刚度大于试验机构的刚度时，煤岩体呈现突然的脆性破坏。进一步认为矿山结构的刚度大于矿山负荷系统的刚度是产生冲击地压的必要条件。

（2）强度理论。该理论认为较坚硬的顶底板可将煤体夹紧，阻碍深部煤体自身或煤体-围岩交界处的变形。冲击地压发生的应力条件为：矿山压力大于煤体-围岩力学系统的综合强度。

（3）能量理论。该理论认为矿体-围岩系统在其力学平衡状态失稳所释放的能量大于所消耗的能量时发生冲击地压。

（4）冲击倾向性理论。该理论认为煤岩体具有冲击倾向性是发生冲击地压的必要条件，一般用动态破坏时间 D_T、弹性能指数 W_{ET}、冲击能量指数 K_E 及单轴抗压强度 R_C 四项指标综合判别煤的冲击倾向性。

（5）三准则理论。该理论将强度理论视为煤岩体的破坏准则，作为冲击地压发生的必要条件；将能量理论和冲击倾向性理论视为煤岩体突然破坏的准则，作为冲击地压发生的充要条件。认为当3个准则同时满足时，才是判定冲击地压发生的必要条件。

（6）失稳理论。该理论认为介质的强度和稳定性是是否发生冲击的重要条件，在非稳定的平衡状态中，外界微小扰动可能使煤层发生急剧、猛烈的破坏，即出现冲击地压。

（7）“三因素”机理。该理论将煤岩体内在因素、力源因素和结构因素作为导致冲击地压发生的主要因素，认为煤岩体破坏是滑动破坏，其滑动形式分为稳定性滑动和黏性滑动两种。煤岩层受力过程中的瞬时黏滑过程，是煤岩层满足剪切强度准则的突然滑动并在滑动过程中伴有变形能释放的动力过程。

（8）扩容理论。该理论用3个特征量描述了煤体扩容变化的过程：体积压缩、稳定扩容及扩容突变，建立了冲击地压的扩容模型。

3. 冲击地压主要有哪些影响因素？

答：冲击地压发生的影响因素是多方面的，总的来说可以分成3类，即地质因素、开采技术因素和组织管理因素。

（1）地质因素

地质因素主要包括开采深度、地质构造、煤岩结构及力学特性等。

① 开采深度：一般在达到一定开采深度后才开始发生冲击地压，此深度称为冲击地压临界深度。同时，随采深增加，冲击危险性增加。

② 地质构造，如褶曲、断裂、煤层倾角及厚度突然变化等也影响冲击地压的发生。宽缓向斜轴部易于形成冲击地压；断裂如是一个开采边界，若回采方向朝向断层面，则冲击危险性增加；煤层倾角和厚度局部突然变化地带，实际是局部地质构造应力积聚地带，因而极易

发生冲击地压。

③ 煤岩结构及力学特性也是影响冲击地压的主要因素。坚硬、厚层、整体性强的顶板（基本顶），易形成冲击地压；直接顶厚度适中、与基本顶组合性好、不易垮落，冲击危险较大；煤岩的冲击倾向性越大，发生冲击地压的可能性就越大。

(2) 开采技术因素

开采技术因素主要包括井田开拓方式、是否采用煤层群开采、巷道布置、采煤方法、采掘推进方向、煤柱影响、采空区处理方法等，其影响主要表现为两个方面：一是开采导致煤岩的应力迅速增加，在一定区域、一定范围内形成高应力集中，满足了冲击地压发生的应力条件；二是原本具有高应力的煤岩体或接近极限状态的煤岩体，在采动条件作用下，诱发冲击地压。

(3) 组织管理因素

生产管理制度也对冲击地压的发生起一定的作用。管理制度不到位，会使得冲击地压的危害程度大幅提高。

4. 简述应用综合指数法的一般流程。

答：应用综合指数法的一般流程如下：

(1) 确定影响冲击地压危险状态的地质因素及指数

影响冲击地压的主要因素有开采深度、顶板岩层坚硬程度、构造应力集中程度和煤层冲击倾向性等。查表确定各地质条件影响冲击地压危险状态的因素及指数值，按公式计算根据采矿地质因素确定的冲击地压危险指数 W_{t1}。

(2) 确定影响冲击地压危险状态的开采技术因素及指数

根据开采技术条件、煤柱、停采线等这些开采历史和开采技术因素，查表确定各开采技术因素影响冲击地压危险状态的因素及指数值，按公式计算根据采掘工作面周围开采技术因素确定的冲击地压危险指数 W_{t2}。

(3) 预测冲击地压危险程度

根据冲击地压危险指数 W_{t1} 和 W_{t2}，按公式即可确定采掘工作面周围冲击地压危险状态等级评定的综合指数 W_t。据此，可将冲击地压的危险程度定量分为 5 个等级，分别为无冲击危险、弱冲击危险、中等冲击危险、强冲击危险、不安全，查表即可确定冲击危险状态分级。

5. 地质动力区划分析方法的基本原理是什么？

答：地质动力区划是根据地形地貌的基本形态和主要特征决定于地质构造形式这一原理，通过对地形地貌的分析，查明区域断裂的形成与发展，为人类的工程活动提供地质环境信息和预测工程活动可能造成的地质动力效应。

【知识扩展】

根据地质动力区划对矿井动力灾害进行统一预测是从地球动力学的角度出发，首先分析各类矿井动力灾害发生机理和动力源，确定影响和制约矿井动力灾害显现的空间和强度的共性因素（构造、煤层顶底板岩性、煤体物理力学性质、构造应力等）和个性因素（瓦斯解吸能力、煤岩冲击倾向、浅源地震等），揭示矿井发生动力灾害的地球动力学背景。通过划分矿井活动构造，建立多尺度构造的动力状态的评价方法，确定其活动性和影响范围。通过井下调查和数学地质方法获得井田内煤层顶底板岩性及结构分布特征，研究煤层顶底板岩性及结构对矿井动力灾害的影响及定量化指标。通过现场实测、实验研究和数值模拟，研究矿井构造应力场的分布规律，划分高应力区和应力梯度区。分别研究煤与瓦斯突出、冲击地压和矿震的个性影响因素及对矿井动力灾害影响的定量化评价方法。

在此基础上，确定矿井动力灾害发生的模式、矿井动力灾害相似性度量准则、矿井动力灾害模式识别准则、矿井动力灾害识别模型，进行矿井动力灾害模式识别系统设计以及模式识别算法确定，从而建立以模式识别为核心的矿井动力灾害的统一预测方法。矿井动力灾害模式识别流程如图 9-1 所示。

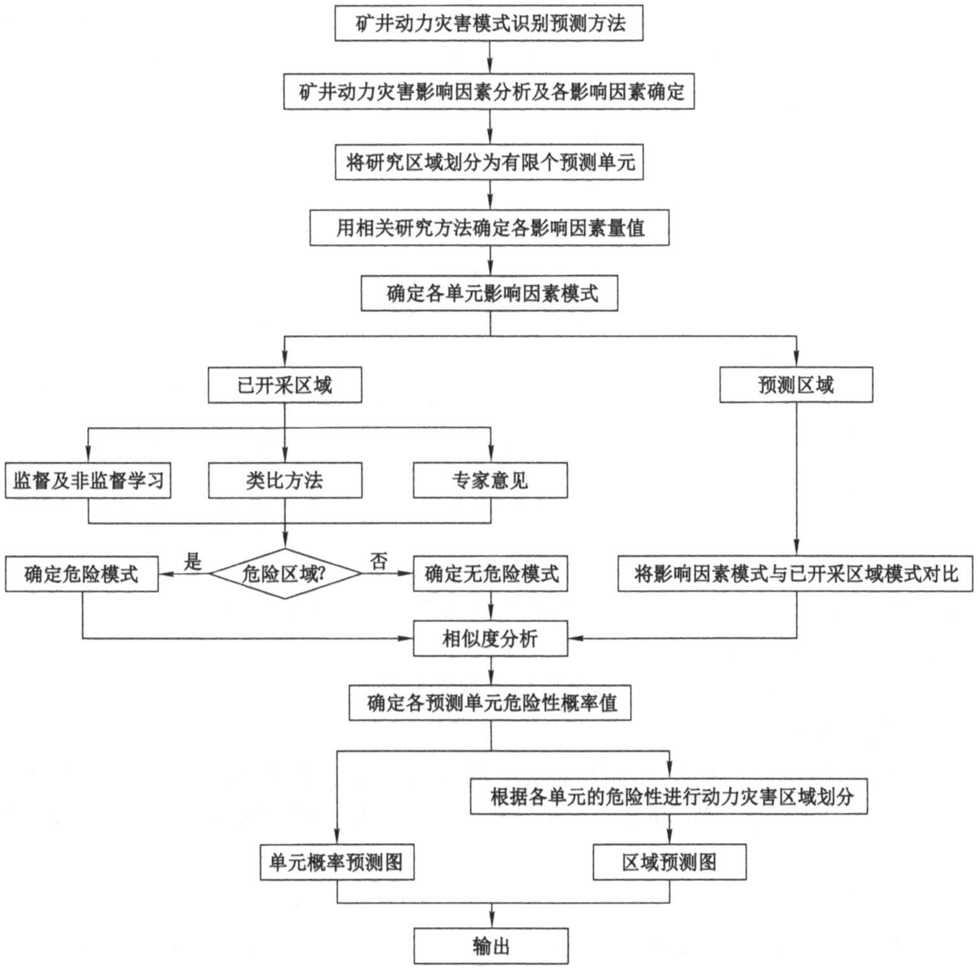

图 9-1　矿井动力灾害模式识别流程

6. 简述冲击危险区域性防治方法。

答：冲击地压的区域性防治方法主要有以下 4 种。

（1）采用合理的开拓布置和开采方式

控制冲击地压发生的应力条件是预防煤矿冲击地压发生的关键，合理选择开拓布置与开采方式，对避免形成高应力集中和能量大量积聚极为重要。

（2）开采保护层

开采保护层是预防冲击地压的一项有效的根本性的区域性防范措施。先开采没有冲击危险的煤层，解放冲击危险的煤层，实现降低冲击地压潜在的危险性。常用的方案有开采上保护层、开采下保护层及混合开采等。

(3) 煤层预注水

煤层预注水是通过水的物理化学作用，改变冲击煤层的物理力学性质，降低煤层的冲击倾向性和改善应力状态。常用的注水方式有走向布置、倾向下行布置、倾向上下行布置及综合布置等。

(4) 厚层坚硬顶板预处理

对于厚层坚硬顶板，目前较为有效的处理方法是顶板注水软化和顶板爆破处理。水的物理化学作用可破坏岩体的整体性，使难垮顶板转化为可垮顶板，周期来压步距缩短，可减缓或消除区域性切冒和冲击地压的威胁。顶板爆破处理方法包括爆破断顶、强制放顶和超前深孔预裂爆破松动顶板等。

7. 简述冲击危险局部性防治方法。

答：(1) 钻孔卸压

利用钻孔方法消除或减缓冲击发生的解危措施，其实质是利用高应力条件下煤层中积聚的弹性能来破坏钻孔周围的煤体，使煤层卸压、释放能量，减缓或消除冲击地压危险。

(2) 煤层内卸压爆破

它是对具有冲击地压危险的局部区域，用爆破方法降低其应力集中程度的一种解危措施。卸压爆破属于内部爆破，主要作用是使煤层产生大量裂隙，减小其弹性模量和强度，减少积聚的弹性能，破坏冲击地压发生的强度条件和能量条件。

(3) 诱发爆破

它是在监测到有冲击危险的情况下，利用较多药量进行爆破，人为地诱发冲击地压，使冲击地压发生在一定的时间和地点，从而避免更大损害的一种解危措施。

8. 坚硬顶板冲击危险有哪几种处理方案？

答：目前，较为有效的处理方法是顶板注水软化和顶板爆破处理。

(1) 顶板注水软化

对顶板进行高压预注水时，水的物理化学作用破坏了岩体的整体性，降低了岩体的强度，提高了岩层的垮落可能性，使难垮顶板转化为可垮顶板，来压步距缩短，可减缓或消除冲击地压的威胁。

(2) 顶板爆破处理

顶板爆破处理方法包括爆破断顶、强制放顶和超前深孔预裂爆破松动顶板等。爆破断顶是在待采煤层隔离煤柱一侧的采空区内，利用爆破的方式对采空区顶板内造成一定宽度和深度的断沟，削弱采空区与待采区之间的顶板连续性，减小待采煤层开采时的应力集中，从而预防冲击地压危害。强制放顶是用爆破方法对采空区悬露顶板进行处理，破坏其整体性，使之规则性垮落，从而预防冲击地压的一项措施。

9. 简述煤层内卸压爆破的实施步骤。

答：主要包括以下 3 个步骤：

(1) 煤粉钻孔检测，即采用煤粉钻孔法检测煤体的应力情况。如果煤粉量超过规定的指标，则认为该位置具有冲击危险。通过多个煤粉钻孔，圈定已形成冲击危险的区域。

(2) 在确认已形成冲击危险的区域，以一定的爆破参数实施卸载爆破。

(3) 在卸载爆破后，采用煤粉钻孔等方法在爆破孔周围一定区域内检测爆破的卸载效果。如果煤粉量指标低于冲击危险值，即认为煤层已达到了卸载的效果，否则说明煤层仍具有冲击危险，应实施二次卸载爆破。

10. 简述煤层预注水预防冲击地压的基本原理。

答：煤层预注水的目的是通过水的物理化学作用，改变冲击煤层的物理力学性质，降低煤层的冲击倾向性和改善应力状态。由图 9-2 可以看出，未注水煤样的变形曲线多呈塑-弹型和塑-弹-塑型两类，破坏前没有明显的永久变形，表现为突然的脆性破坏；注水后的煤样变形曲线呈现出较大的可压缩性能，比在同样应力下未注水的煤样变形明显“塑化”，变形呈压缩的“S”形，多为剪切破坏，表明煤的塑性变形变大，塑性增加，脆性减弱，冲击倾向性降低。

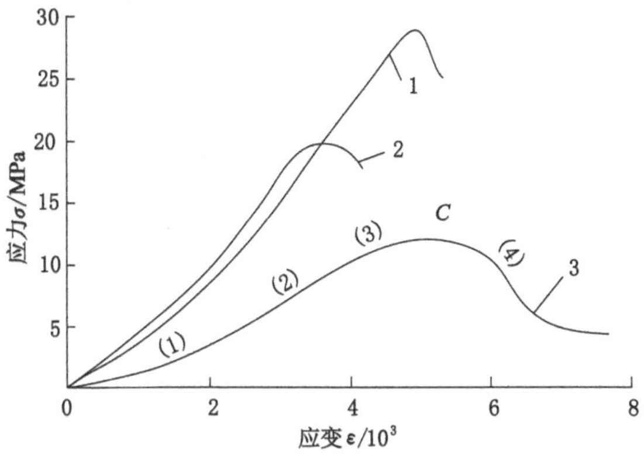

1—注水前煤样；2—干燥煤样；3—注水后煤样。

图 9-2　煤样应力-应变曲线对比

9.3　难题解析

1. 对比分析不少于 5 种较有代表性的冲击地压发生机理的优缺点。

答：目前冲击地压发生机理主要有强度理论、刚度理论、能量理论、冲击倾向性理论和三准则理论等，但由于冲击地压的复杂性、影响因素的多样性、产生的突发性和过程的短暂性，至今尚未形成统一而普遍认可的理论。

强度理论较好地揭示了煤体-围岩力学系统的极限平衡条件，解释了冲击地压的一些现象，并具有简单、直观和便于应用的特点，但是对冲击地压动力学特征的描述不够，判据不够充分。

刚度理论具有简单、直观的优点，但矿山负荷系统的划分、刚度的确定是难题，同时该理论没有考虑矿山结构与矿山负荷结构本身可以储存和释放能量。

能量理论从能量角度较好地解释了冲击地压现象，但是它把煤岩体看成纯弹性的，不符合冲击地压是煤岩体破坏的事实；同时该理论没有说明煤岩体力学平衡状态的性状及破坏条件，缺乏必要的判据和条件。

冲击倾向性理论用一组冲击倾向性指标评价煤岩体本身的冲击危险，具有实际意义，并得到了广泛应用；但由于冲击地压的发生与采掘和地质环境有关，煤岩体物理力学性质随开采地质条件的不同而有很大差异，实验室测定结果不能完全代表各种环境下的煤岩体性质，给冲击倾向性理论的应用带来了局限性。

三准则理论较为全面地提出了冲击地压发生的必要条件，但该理论没有给出三个准则的具体形式，且需要确定的参数太多，使用不方便。

2. 冲击地压监测一般有哪些方法？

答：(1) 钻屑监测法

钻屑监测法是通过在煤层中钻小直径钻孔(直径 42～50 mm)，根据钻孔时在不同深度排出的煤粉量及变化规律以及有关现象判断冲击危险的方法。

(2) 微震监测法

微震监测法是利用微震信息包括微震的类型、次数、震级等，揭示巷道和工作面煤体应力等显现规律，对未来冲击地压的强度、发生地点进行预测的方法。

(3) 地音监测法

冲击地压发生的过程本质上是煤岩内部缺陷损伤演化到煤岩发生大规模突然破坏的过程，同时伴有大量的地音产生。地音监测法是利用这一原理采用地音技术分析冲击地压孕育过程的方法。

(4) 电磁辐射监测法

电磁辐射监测法是利用电磁辐射强度和脉冲数两个参数综合反映煤体应力集中程度的原理，采用电磁辐射法进行冲击地压前兆识别的方法。

(5) 应力在线监测法

应力在线监测法是通过在采掘空间围岩内埋设高精度应力传感器，实时监测采动围岩近场系统内集中静载荷的积聚及变化，从冲击地压发生的内因角度监测并警示应力或能量状态的方法。

3. 试论述我国冲击地压防治技术的主要发展方向。

答：当前我国建立了较为完善的冲击地压防治技术体系，防治效果显著，但由于冲击地压的震动性、瞬时性、复杂性及难预知性，冲击地压防治技术仍存在一些问题。其主要发展方向有以下几种：

(1) 冲击地压协同防治

目前，冲击地压防治已由单一化防治向综合化、协同化防治转化。从防治空间而言，可从单一井下防治向井上、下协同防治转化；从防治对象而言，可从单一冲击地压灾害防治向复合灾害协同防治转化；从防治范围而言，可从单一矿井防治向矿区井群联防联控转化。

(2) 冲击地压防控装备向智能化、高效率方向发展

冲击地压防控装备需要向智能化、高效率的方向发展，例如研发防冲钻孔机器人、自移式防冲液压支架以及高效水力压裂断顶设备等，可减少人员投入，提高防治效率、准确性和安全性。

(3) 将冲击地压破坏能量变害为利

研究高储能调控技术，将煤体内部积聚的弹性应变能有效、缓慢释放，降低冲击地压危险性，并利用释放的能量对工作面煤体进行有序致裂，从而降低采煤机割煤耗能，提高开采效率。

注：上述答案仅作为参考，可不局限于此。此题答案只要符合题意和当前技术发展趋势、言之有理即可。

10　矿山压力监测技术基础

10.1　学习指南

10.1.1　本章概述

现场监测获得的资料是反映多种因素综合作用下的实际情况，利用这些较为可靠的资料论证分析，可以解决具体矿井或采掘工作面的具体矿压问题。本章较详细地介绍了综采工作面、回采巷道矿山动力灾害的监测内容、方法及设备。

10.1.2　教学目的及要求

(1) 了解综采工作面支架阻力、超前及侧向支承压力、底板比压的测试方法、设备及数据分析方法，掌握工作面覆岩裂隙带探测方法。

(2) 了解回采巷道围岩变形、破坏及锚杆(索)支护力的监测方法。

(3) 掌握煤矿动力灾害监测的方法，如钻屑法、微震法、地音法等。

10.1.3　本章重点难点

本章的重点是理解并掌握综采工作面支架阻力、超前及侧向支承压力的测试方法和回采巷道围岩变形及锚杆(索)支护力的监测方法，难点是掌握煤矿动力灾害的钻屑法、微震法监测方法。

10.2　习题解答

1. 采煤工作面矿山压力监测可以提供哪些主要结果?

答:(1) 掌握采煤工作面上覆岩层的运动规律，确定需控岩层范围，建立采煤工作面支架与顶板的相互关系，进行基本顶来压的监测预报。

(2) 划分采煤工作面煤层直接顶的类别和基本顶的级别，为支架选型和确定支架合理技术参数提供依据。

(3) 考察各类支护的适应性，即从矿山压力控制角度对既定条件下支架进行适应性评价，研究合理的支架结构、架型、工作阻力和支柱可缩量等。

(4) 研究分析采煤工作面底板破坏规律，对工作面底板进行分类，并提出松软底板的控制技术措施。

(5) 掌握采动影响和支承压力分布规律，改进相邻采区或近距离煤层的开采顺序，确定煤柱的合理位置和尺寸，确定回采巷道断面形状、规格及支架参数，确定煤壁前方巷道加强维护范围、沿空留巷和沿空送巷的支护措施，确定采煤工作面端头支护技术措施等。

(6) 掌握巷道围岩活动规律，选择巷道开掘的合理位置和时间，确定围岩松动范围，研究巷道围岩变形规律，进行围岩稳定性分类，确定合理的巷道支护形式、支架参数，对巷道、硐室的稳定性进行监测预报。

(7) 从矿山压力角度对采掘新工艺、新技术等应用效果提出评定性意见。

(8) 监测和评价支架的井下实际支撑能力，充分发挥支架的有效工作阻力，提高采掘工作面支护质量。

(9) 监测分析采煤工作面矿山压力分布和围岩运动规律、巷道大变形特性，解决矿山压力与围岩运动控制方面的难题。

(10) 研究冲击地压监测、危险区域划分、煤层注水和松动爆破措施制定、开采解放层设计等矿井动力现象的综合防治技术。

2. 简述底板比压的测试仪器种类及测试原理。

答：(1) 测试仪器种类

测定底板比压的主要仪器有静压式底板比压仪（内注式、外注式比压仪）和冲击式底板比压仪。

(2) 测试原理

底板比压测试是利用底板比压仪对煤层底板进行压强破坏性测试，通过数据搜集、分析，计算出底板压强的工作过程。底板在承受支架载荷时会产生弹性变形，支架工作阻力增大时，底板弹性变形也随之增大，达到极限后就会发生脆性变形，即底板脆断。底板破坏与支架突然压入底板是同时进行的突发现象，可由支架载荷与钻底量关系曲线上的明显拐点反映出来，此拐点所对应的载荷，即为底板的极限抗压强度或承载能力。

3. 简述双端堵水器的用途、工作原理及使用方法。

答：(1) 用途

双端堵水器主要用于工作面覆岩裂隙带探测，是进行井下仰孔分段注水探测的主要设备。

(2) 工作原理

双端堵水器由胶囊起胀和孔内注水两个独立回路组成，利用钻杆或人力推杆将其推移到钻孔一定深度，通过向胶囊压水或充气，可在钻孔内形成一定长度的双端封堵孔段。通过孔内注水回路向封堵孔段进行定压注水，可以测出单位时间注入孔段并经孔壁裂隙漏失的水量，据此即可获得岩石破裂松动情况，确定裂隙带的高度上界。

(3) 使用方法

双端堵水器的使用主要分为以下步骤：封堵孔段、注水调压、流量观测、解除封孔、高程静压观测、推移探管、数据记录及处理等。

4. 巷道围岩破坏监测有哪些手段？

答：巷道围岩破坏监测主要方法有钻孔多点位移计法、雷达探测法、钻孔电视法，此外还有岩体电阻率探测法、岩体无线电磁波透视法、放射性探测法、渗液或渗气探测法和剪切带量测法等。

5. 简述微震法监测冲击地压的机理。

答:冲击地压的孕育和发生是煤岩体大量积蓄和急剧释放变形能的过程,此过程中微震活动出现异常平静或剧烈运动现象。因此,微震活动的时空变化动态包含了冲击地压的前兆信息。通过连续监测微震活动的水平及其变化,可以对煤岩体的冲击危险进行预测,还可以根据微震活动性的强弱和频率,判断推理煤岩体应力状态及破坏情况,判断潜在的动力灾害活动规律,对可能发生的冲击地压的强度、发生地点进行预测。

6. 简述钻屑法监测冲击地压的原理。

答:煤层中的应力愈大,煤的脆性破碎愈占优势。在钻孔的一定位置,孔周煤体处于极限应力状态,钻孔过程中钻屑量异常增多,钻屑粒度增大,响声和微冲击强度升高,孔径扩大,此即所谓的钻孔效应。在应力集中带钻孔,钻屑量异常多,钻孔冲击更强烈,钻孔周围破碎带不断扩大。因此,钻屑法监测冲击地压的原理就是通过测量钻孔煤粉量的大小及变化规律和有关动力现象,来确定相应的煤体应力状态,从而鉴别冲击危险性。

7. 钻屑煤粉由哪几部分组成?

答:钻孔钻进过程所排出的煤粉量,一般认为是由以下 4 部分组成的:

(1) 钻孔实体煤芯。

(2) 钻孔形成后,弹性卸载所形成的附加煤粉量。

(3) 钻孔形成后,孔壁周围破碎带内煤体扩容所形成的附加煤粉量。

(4) 破碎带形成后,在弹性区与破碎带交界处由于弹性卸载而产生的附加煤粉量。

10.3　难题解析

1. 简述工作面超前与侧向支承压力监测方法。

答:(1) 钻孔液压枕法

该方法利用钻孔液压枕(油枕应力计)测量煤体的相对应力变化,其关键是测力计的预紧。

(2) 钻屑法

该方法根据钻孔过程中单位孔深排出煤屑的重量、体积和粒度组成等来判断采煤工作面煤体应力。

(3) 钻孔钢弦测力计法

该方法同钻孔液压枕法监测支承压力分布特征的原理相同,主要差异在于传感原理不同。

(4) 超前巷道位移法

该方法根据超前巷道位移监测支承压力分布特征,通过在采场前方布置仪器观测位移信息的变化过程,实现支承压力显现分布特征的测定。

(5) 侧向联络巷位移法

该方法是在回采巷道一侧设置一条巷道监测线,以观测开采前后倾向支承压力的分布状态。通过采煤工作面动态综合观测,可得到采煤工作面基本顶岩梁沿倾向运动稳定后的状态及支承压力分布状况。

2. 试论述综采支架支护阻力的测试方法。

答:(1) 测区布置。综采工作面支护阻力监测中,一般在工作面上端头、中部及下端头各选3~5个支架进行测试。

(2) 监测仪器选择及安装。液压支架工作阻力可由每根立柱柱腔液体压力来反映,一般采用综采支架工作阻力在线监测系统,也可通过监测立柱内压力来计算支架的工作阻力。

(3) 数据整理与分析。综采支架工作阻力在线监测系统所记录的数据可用于绘制 P-T 曲线,一般需根据记录曲线及时整理以下内容:① 按监测循环计算支架的初撑力 P_0、循环末阻力 P_m、时间加权平均阻力 P_t 和相应的支护强度;② 统计支架的工作特性曲线,即统计不同时期(如周期来压或非周期来压时)支架阻力-时间关系曲线,分析顶板压力的大小和支架对顶板的适应性;③ 根据阻力-时间关系曲线,整理立柱安全阀开启的数据;④ 求得几条测线数值的平均值绘入监测总图,判定综采工作面基本顶来压步距和来压强度。

3. 试分析煤矿动力灾害监测技术的主要发展方向。

答:(1) 建设多场耦合监测预警体系

煤矿动力灾害的发生是应力场、震动场、能量场等多方面共同作用的结果,而现阶段监测预警系统普遍存在监测指标不够全面、各指标之间关联性较差等问题。因此,建设多场耦合监测体系和多场融合的多参量综合预警技术至关重要,以实现由点、局部、单参量监测向区域多场多参量综合预警的转变。

(2) 研发动力灾害智能化监测预警技术

煤矿动力灾害监测技术的研究可借助人工智能、大数据、云计算等新兴技术,通过建立更有效的预警模型对监测数据进行综合分析评价,全面考虑煤矿动力灾害的影响因素、多因素耦合和演化过程等问题,以提升预警的准确性。

(3) 研发动力灾害高精度监测技术装备

煤矿动力灾害监测在探测精度和可靠性方面存在较多问题,监测数据一致性差,在数据分析过程中经常出现结论相互矛盾的情况。因此,当前监测精度的水平严重制约了灾害防治研究的精细化发展,提高监测装备精度是煤矿动力灾害监测技术的发展方向之一。

(4) 完善掘进工作面动力灾害地音监测方法

地音监测方法在掘进工作面动力灾害监测中运用较为广泛,但存在监测参量不明确、预警指标不够全面、测点布置缺乏依据、数据模型处理困难等问题,极大限制了动力灾害监测准确率的提高。因此需要对基于地音监测概念的监测预警方法进行更加深入的研究,以实现有效保障煤层工作面安全掘进的目的。

注:上述答案仅作为参考,可不局限于此。此题答案只要符合题意和当前技术发展趋势、言之有理即可。

11 矿压作用下常见顶板事故分析

11.1 学习指南

11.1.1 本章概述

本章着重介绍了我国单体支柱工作面及综采工作面常出现的压垮型冒顶、漏冒型冒顶、推垮型冒顶和综合类型冒顶事故，以及“三软”煤层工作面发生底鼓的机理及预防措施。

11.1.2 教学目的及要求

(1) 了解工作面压垮型冒顶、漏冒型冒顶及推垮型冒顶的发生机理及预防措施。

(2) 了解综合类型冒顶的发生机理及预防措施。

(3) 了解“三软”煤层工作面底鼓的控制方法。

11.1.3 本章重点难点

本章的重点是理解工作面压垮型冒顶、漏冒型冒顶、推垮型冒顶和综合类型冒顶的发生机理，掌握各类顶板事故的防治措施，难点是理解各类顶板事故的区别与联系。

11.2 习题解答

1. 采场事故按力学原因可划分为哪几类?

答:采场事故一般可划分为压垮型冒顶、漏冒型冒顶、推垮型冒顶和综合类型冒顶等 4 类。

压垮型冒顶是由垂直于层面方向的顶板力压坏采煤工作面支架而导致的冒顶;漏冒型冒顶是因已破碎的顶板没有得到有效防护受重力作用冒落而导致的冒顶;推垮型冒顶是由平行于层面方向的顶板力推倒采场支架而导致的冒顶;综合类型冒顶有两种情况，一是在一次冒顶事故中出现压、漏、推的综合，二是在一种条件下可能发生这类或另一类冒顶。

2. 简述压垮型冒顶的机理。

答:根据冒顶发生的时间和位置等不同，主要有以下 3 种解释:

(1) 垮落带基本顶岩块压坏采场支架导致冒顶。基本顶来压时，断裂、下沉的基本顶岩块要挤压采场支架，如果采场支架的支撑力不足，就会被压坏而导致冒顶。

(2) 垮落带基本顶岩块冲击压坏采场支架导致冒顶。由于采场支架的初撑力不足，在基本顶岩块未明显运动之前，直接顶与基本顶已发生离层，当基本顶岩块向下运动时，采场支架要承受冲击载荷，支架容易被损坏，从而导致冒顶。

(3) 垮落带或裂隙带基本顶旋转下沉时压坏采场支架导致冒顶。当垮落带或裂隙带基本顶断裂、旋转、下沉、触矸时，如果采场支架的可缩量不足，就可能被压坏从而导致冒顶。

3. 简述预防大面积漏冒型冒顶的措施。

答：预防大面积漏冒型冒顶的措施主要有以下 3 条：

(1) 选用合适的支柱或支架，使工作面支护系统有足够的支撑力与可缩量。

(2) 顶板必须背严背实，梁头顶紧煤壁，采煤后及时支护，甚至要掏梁窝。

(3) 严防爆破、推移输送机等工序弄倒支架引发局部漏冒。

4. 金属网下推垮型冒顶有哪些特点？

答：(1) 冒顶多数在初次放顶前后发生。

(2) 多数是无征兆的突然推垮，少数工作面推垮前发生支柱向下斜，也就是有前兆。

(3) 推垮前支柱受力一般不大。

(4) 推垮后支柱没有折损，多数是沿倾斜方向被推倒，也有向采空区方向倾倒的。

(5) 推垮后上位断裂了的硬岩大块大面积悬露，少数工作面则从上位岩层掉下几个大块。

(6) 发生推垮时大多是速度很快，人力无法抗拒。

(7) 推垮特别容易在回柱时发生。

(8) 多数工作面采用金属摩擦支柱。

5. 在具有复合顶板的采煤工作中，哪些地方容易发生推垮型冒顶？解释原因。

答：复合顶板推垮型冒顶发生最主要的先决条件是一定范围内的复合顶板由于离层、断裂而成为一个孤立的岩块，且有可供岩层运动的空间，容易发生推垮型冒顶的地点以及原因有以下几种。

(1) 开切眼附近。

原因：在这个区域复合顶板上面岩层两侧都有煤柱支撑不容易下沉，这就给复合顶板的下沉离层创造了有利条件。

(2) 地质破坏带（断层、裂隙等）附近。

原因：复合顶板存在原生的断层、裂隙会容易形成六面体。

(3) 尖灭构造附近。

原因：复合顶板存在尖灭构造，既容易形成六面体，又可能给六面体以去路。

(4) 旧巷（走向的或倾斜的）附近。

原因：旧巷顶板已破坏，增加了在顶板岩层中形成六面体的可能性。

(5) 掘进上、下平巷时破坏了复合顶板的地点。

原因：破坏了下平巷的复合顶板，可能给六面体开创一个去路；而破坏了上平巷的复合顶板，则可增加产生六面体的可能性。

(6) 局部冒顶区附近。

原因：这些地点也存在有去路、增加产生六面体的可能性等问题。

(7) 倾角大的地段。

原因：在这些地段，由于重力作用而令六面体沿倾斜下推的力增大。

(8) 顶板岩层含水的地段。

原因：这些地段因摩擦系数降低，总阻力将大为减小并小于六面体向下的推力。

6. 简述底鼓类型以及产生底鼓的原因。

答：巷道底鼓主要有挤压流动性底鼓、遇水膨胀性底鼓、剪切错动性底鼓和挠度褶皱性底鼓。其产生的原因主要有两个方面：一是在高应力的作用下，底板岩体承载力不足，岩体产生整体剪切破坏；二是底板岩体吸水膨胀。

7. 简述巷道底鼓的预防措施有哪些。

答：(1) 卸压法。卸压法的实质是采用一些人为的措施改变巷道围岩的应力状态，使底板岩层处于应力降低区，从而保持底板岩层的稳定状态。主要有切缝、钻孔、爆破及掘巷卸压等形式。

(2) 用锚杆加固底板。主要作用在于降低巷道底板的破碎程度，提高承受弯矩的能力。

(3) 底板注浆。一般用于加固已破碎的岩石，提高岩层抗底鼓的能力。

(4) 巷道壁充填。一种是在巷道和未采煤柱之间的巷道壁充填，将侧翼地层压力支点转移到远离巷道的地方，增加底板黏土从未采煤柱的下面向巷道流动的阻力。另一种是在巷道底板上先挖出矩形坑槽，然后再填以遇水硬结的材料，使之成为混凝土反拱。

(5) 巷道中水的控制。地下巷道排水要及时和通畅，进行高标准排水。

11.3 难题解析

1. 试论述“三软”煤层条件下综采放顶煤工作面顶板事故控制措施。

答：此条件下的顶板控制问题主要涉及片帮、冒顶、支架工作状态不好等，控制措施主要有：改变采煤工艺过程，采用全面超前移架，防止片帮和冒顶；在工作面生产管理上严格按照作业规程进行采放；周期来压时加快推进速度，采煤机不长时间停留在同一位置；提高拉架速度；减少落煤量；改造伸缩梁，使支架具有全封闭、及时控顶的性能。

2. 与单体支柱工作面相比，综采工作面采用液压支架控制顶板，安全性和稳定性大幅提高，试论述综采工作面顶板控制技术发展方向。

答：(1) 目前液压支架等单机设备均具有不同程度的智能化性能，但不同设备之间的智能联动控制策略尚不十分清晰，液压支架群组自适应协同控制尚未实现，机架协同作业水平也未满足智能化开采的要求，相关技术亟待提高。

(2) 综采设备的可靠性一直是制约工作面顶板控制的难题，在井下恶劣工况下，极易发生设备故障，并诱发安全事故。亟须研究综采设备故障自诊断技术、基于多因素故障分析预测模型，及时发现设备的潜在故障信息，提高设备的开机率；亟须开展设备远程运维技术研发，提高设备运维水平，降低运维成本。

(3) 现有传感器对井下阴暗、潮湿复杂环境的适应性较差，可靠性低，且多为有线、接触式传感器，布设困难、数据可靠性差。基于视频图像识别、地质雷达、激光扫描等技术的无线、无接触式传感器具有监测数据可靠性高、稳定性好、布设灵活等优点，相关技术亟待突破。

(4) 端头尾巷控制技术、两端头维护、两巷超前支护、超深孔爆破强制放顶法、浅部强制放顶、静态膨胀预裂、水压致裂补充和煤壁钻孔卸压等顶板控制技术也需要不断完善和发展。

注：上述答案仅作为参考，可不局限于此。此题答案只要符合题意和当前技术发展趋势、言之有理即可。

附　　录

附录 A　采煤工作面支护设计案例

A.1　工作面概况

A.1.1　位置和埋深

某矿 1202E 工作面为－400 m 水平二层煤一采区东翼第二个工作面。工作面东西走向长为 900 m，南北倾斜宽为 180 m。工作面范围内地表标高为＋100 m，煤层平均埋深为 500 m。以西为一采区上山煤柱，以南为 F21 断层煤柱及 1201E 工作面老空区，其余为实体煤。

A.1.2　煤层及顶底板条件

二层煤为矿井主要可采煤层之一，属稳定煤层，结构简单。根据巷道实际揭露，工作面范围内煤层倾角为 6°～8°，平均 7°；煤层厚度为 1.7～3.8 m，平均 3.2 m；煤层密度为 1.37 t/m^3，单轴抗压强度为 15.1 MPa。煤层顶板以泥岩、细砂岩互层为主，硬度中等。底板为砂质泥岩、泥岩，硬度中等。煤层与顶底板岩石的厚度及物理力学参数见表 A-1。

表 A-1　煤层与顶底板岩石的厚度及物理力学参数表

序号	岩石名称	层厚 m/m	密度/(g/cm^3)	弹性模量 E/GPa	抗压强度/MPa
顶板 7	粉砂岩	21.64	2.62	25.05	48.00
顶板 6	泥岩	12.62	2.57	18.54	32.83
顶板 5	粗砂岩	14.55	2.74	15.05	15.05
顶板 4	细砂岩	8.90	2.81	12.58	59.01
顶板 3	砂质泥岩	5.62	2.77	32.46	32.83
顶板 2	细砂岩	1.20	2.75	25.49	54.77
顶板 1	泥岩	2.60	2.75	12.65	22.66
煤层	二层煤	3.20	1.37	8.51	15.1
底板 1	砂质泥岩	2.00	2.86	29.55	58.29
底板 2	泥岩	2.90	2.70	14.74	27.4

A.1.3　采煤工作面支护条件

工作面采用综采液压支架进行支护，正常段采用 107 台 ZY8800/17/35D 型双柱支撑掩护式支架，支撑高度为1 700～3 500 mm，最大支护强度为1.047 MPa，支架控顶距为4.5 m，直接顶平均悬顶距为1 m，支架最大允许缩量为0.7 m(不考虑支架破顶钻底及辅助支护物压缩量)。

A.2　设计要求

(1) 计算工作面需控岩层范围(包括直接顶与基本顶厚度)。

(2) 计算工作面初次来压步距及周期来压步距，并画出沿工作面推进方向上覆岩层破断结构图(在图中标出直接顶与基本顶、来压步距等参数)。

(3) 计算工作面采用综采液压支架支护时合理支护强度，并对目前采用的液压支架是否满足控制要求进行判断。

A.3　设计过程

A.3.1　工作面需控岩层范围计算

一般情况下，岩层断裂后形成三铰拱结构，当中部铰高于两端铰时，岩层保持传递岩梁状态。随着岩梁弯曲沉降，当中部铰与两端铰在同一直线上时，达到岩层的极限沉降值 S_0。其表达式为：

$$S_0 = m\cos\left(\arctan\frac{m}{c_0}\right) \tag{A-1}$$

式中　m——岩层厚度，m。

c_0——岩梁的初次来压步距，m。

通常情况下 m 相对 c_0 小得多，即 $\arctan\frac{m}{c_0}\approx 0$，则 $S_0\approx m$。

由此，只要知道采煤工作面上覆岩层的厚度分布情况，就可以按以下步骤确定直接顶厚度。对于第一层岩层，$S_0=m_1=2.60$ m。如果保持第一层岩层不垮，则下部必须垮落的岩层厚度 m_Z 可按下式计算：

$$m_Z = \frac{h-S_0}{K_A-1} \tag{A-2}$$

式中　h——煤层厚度；

K_A——已垮落岩层的碎胀系数，可取1.3。

代入相关参数可得：

$$m_Z = \frac{3.2-2.6}{1.3-1} = 2.0\ (\text{m})$$

该岩层下部实际垮落岩层厚度为零，可见第一层岩层必然垮落。

对于第二层岩层，$S_0=m_2=1.20$ m。如果保持第二层岩层不垮，则下部必需的垮落岩层厚度为：

$$m_Z = \frac{3.2-1.2}{1.3-1} = 6.67\ (\text{m})$$

该岩层下部的实际垮落岩层厚度仅有2.60 m，则第二层岩层必然垮落。

对于第三层岩层，$S_0=m_3=5.62$ m。如果保持第三层岩层不垮，则下部必需的垮落岩层厚度为：

$$m_Z = \frac{3.2 - 5.62}{1.3 - 1} = -8.07\ (\text{m}) < 0$$

因此，该岩梁不会垮落。则采煤工作面直接顶由其上方的泥岩和细砂岩组成，厚度为3.8 m。

关于基本顶厚度范围，宋振骐院士等认为基本顶范围一般为采高的 5～6 倍，即 16～19.2 m。通过与顶板各岩层厚度对比，可认为基本顶由顶板 3 砂质泥岩和顶板 4 细砂岩组成，厚度为 14.52 m。

A.3.2　工作面来压步距计算

(1) 直接顶初次垮落步距

1202E 工作面直接顶由泥岩和细砂岩组成，对于相邻的两个岩层，需要判断是同时运动，还是分开运动，则可按以下方式进行判别（$E_下$ 是指下部岩层的弹性模量，$m_下$ 是指下部岩层的厚度；$E_上$ 是指上部岩层的弹性模量，$m_上$ 是指上部岩层的厚度）：

① $E_下 m_下^2 > E_上 m_上^2$ 时，上下两岩层同时运动；

② $E_下 m_下^2 < E_上 m_上^2$ 时，上下两岩层分开运动且下部岩层先运动。

将相关参数代入上述判别式可知，泥岩和细砂岩同时运动，则直接顶初次垮落步距可按下式计算：

$$c_{Z0} = \sqrt{\frac{2m_1^2[\sigma_{t1}]}{(m_1 + m_2)\gamma_Z}} \tag{A-3}$$

式中　$[\sigma_{t1}]$——直接顶岩层的允许拉应力，Pa；

γ_Z——直接顶的平均重力密度，N/m³；

m_1——顶板 1 的厚度，m；

m_2——顶板 2 的厚度，m。

按岩石抗拉强度约为抗压强度的 1/15 计算，则直接顶岩层的抗拉强度为 1.51 MPa，取直接顶平均重力密度 γ_Z 为 2.75×10^4 N/m³，代入上式可得，直接顶初次垮落步距 $c_{Z0}=13.98$ m。

(2) 基本顶初次来压步距

基本顶厚度为 14.52 m，由砂质泥岩和细砂岩组成。对于相邻的两个岩层，需要判断是组成一个岩梁同时运动，还是形成两个岩梁分开运动，按以下方式进行判别：

① $E_下 m_下^2 > E_上 m_上^2$ 时，上下两岩层同时运动；

② $E_下 m_下^2 < E_上 m_上^2$ 时，上下两岩层分开运动且下部岩层先运动。

将相关参数代入上述判别式可知，砂质泥岩和细砂岩同时运动，则基本顶初次来压步距可按下式计算：

$$c_{E0} = \sqrt{\frac{2m_3^2[\sigma_{t3}]}{(m_3 + m_4)\gamma_E}} \tag{A-4}$$

按岩石抗拉强度约为抗压强度的 1/15 计算，则基本顶砂质泥岩的抗拉强度为 2.19 MPa，取直接顶平均重力密度 γ_E 为 2.79×10^4 N/m³，代入上式可得，基本顶的初次来压步距 $c_{E0}=29.26$ m。

(3) 基本顶周期来压步距

工作面周期来压步距和初次来压步距的比值约为 1/3，则周期来压步距 $c=9.75$ m。

(4) 工作面推进方向上覆岩层破断结构图

工作面推进方向上覆岩层破断结构图如图 A-1 所示。

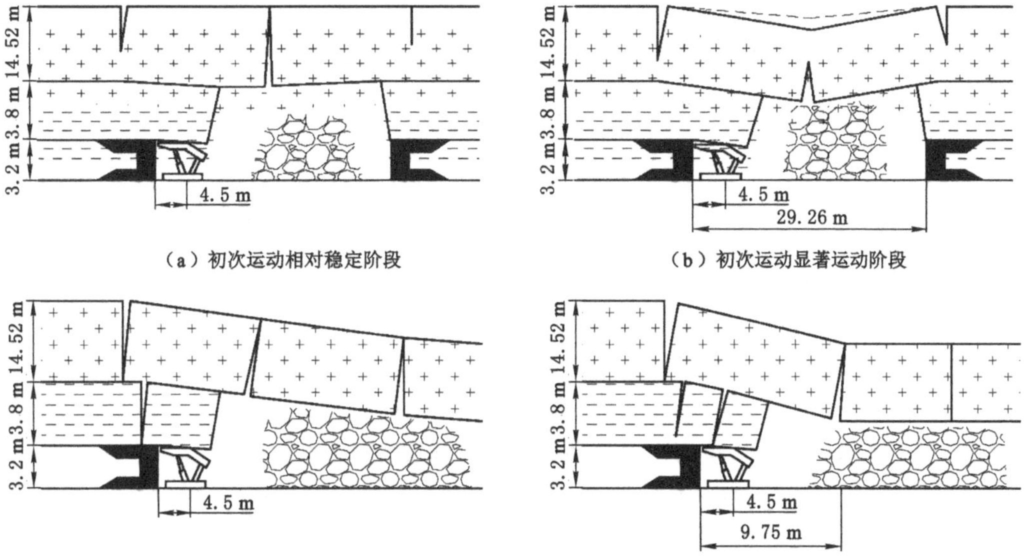

(a) 初次运动相对稳定阶段

(b) 初次运动显著运动阶段

(c) 周期性运动相对稳定阶段

(d) 周期性运动显著运动阶段

图 A-1　1202E 工作面推进方向上覆岩层破断结构图

A.3.3　综采液压支架合理支护强度确定

综采支架支护强度应按支的准则和防滑准则分别进行计算，其最大值即为合理的支护强度。

(1) 液压支架对基本顶工作状态

直接顶在采空区内已垮落，在工作面需由支架承担其全部重量；同时，直接顶比较破碎，支架还必须能够护住顶板，使破碎岩块不能进入工作面，只有这样才能保证采煤工作面的安全。即支架对直接顶具有“支”和“护”的双重特性，则支架对直接顶的工作状态为给定载荷。

支架对基本顶的工作状态有给定变形和限定变形两种形式。首先，假设支架对于基本顶采用给定变形工作状态，顶板岩层碎胀系数取 1.3。则基本顶岩梁初次来压时，岩梁运动至最低位态时的采场顶板下沉量可按下式计算：

$$\Delta h_{0A} = \frac{2[h + m_Z(1 - K_A)]}{c_0} L_K \tag{A-5}$$

代入相关参数可得：

$$\Delta h_{0A} = \frac{2[3.2 + 3.8(1 - 1.3)]}{29.26} \times 4.5 = 0.63\ (\text{m})$$

基本顶岩梁周期来压时，岩梁运动至最低位态时的采场顶板下沉量可按下式计算：

$$\Delta h_A = \frac{[h + m_Z(1 - K_A)]}{c} L_K \tag{A-6}$$

代入相关参数可得：

$$\Delta h_A = \frac{[3.2 + 3.8(1 - 1.3)]}{9.75} \times 4.5 = 0.32\ (\text{m})$$

在这种工作状态下，为了防止支架在岩梁运动过程中被压死，所要求的最大允许缩量须满足以下关系式：

$$\left.\begin{array}{ll}\text{基本顶初次来压期间} & \varepsilon_{max} \geqslant \Delta h_{0A} - \sum\delta \\ \text{基本顶周期来压期间} & \varepsilon_{max} \geqslant \Delta h_{A} - \sum\delta\end{array}\right\} \tag{A-7}$$

式中 ε_{max}——支架最大允许缩量，此处取 0.7 m；

$\sum\delta$——支柱破顶钻底及辅助支护物压缩量，可不考虑，取 0。

当支架对基本顶采用给定变形工作状态时，支架最大允许缩量满足式(A-7)，则支架对基本顶采用给定变形工作状态。

(2) 直接顶初次垮落期间

直接顶初次垮落期间，其支护强度可按下式计算：

$$P \geqslant \frac{m_Z \gamma_Z c_{Z0}}{2L_K} \tag{A-8}$$

代入相关参数可得直接顶初次垮落期间的支护强度为：

$$P \geqslant \frac{3.8 \times 2.75 \times 10^{-2} \times 13.98}{2 \times 4.5} = 0.16\ (\text{MPa})$$

(3) 基本顶初次来压期间

支架在给定变形状态下工作时，其支护强度可按下式计算：

$$P = A + \frac{m_E \gamma_E c_{E0}}{2K_T L_K} \tag{A-9}$$

其中，直接顶作用力 A 可按下式计算：

$$A = \frac{m_Z \gamma_Z (L_S + L_K)^2}{L_K^2} \tag{A-10}$$

悬顶距 $L_S = 1$ m，代入其他相关参数可得：

$$A = \frac{3.8 \times 2.75 \times 10^{-2} \times (1 + 4.5)^2}{4.5^2} = 0.16\ (\text{MPa})$$

岩重分配系数可按下式计算：

$$K_T = 2N \tag{A-11}$$

直接顶厚度和采高的比值 $N = 1.187\ 5$，代入上式可得：

$$K_T = 2 \times 1.187\ 5 = 2.375$$

将相关参数代入式(A-9)，可得基本顶初次来压期间的支护强度为：

$$P = 0.16 + \frac{14.52 \times 2.79 \times 10^{-2} \times 29.26}{2 \times 2.375 \times 4.5} = 0.71\ (\text{MPa})$$

(4) 正常推进阶段

支架在给定变形状态下工作时，其支护强度可按下式计算：

$$P = A + \frac{m_E \gamma_E c}{K_T L_K} \tag{A-12}$$

代入相关参数可得正常推进阶段的支护强度为：

$$P = 0.16 + \frac{14.52 \times 2.79 \times 10^{-2} \times 9.75}{2.375 \times 4.5} = 0.53\ (\text{MPa})$$

(5) 防止直接顶滑动的支护强度

防滑准则为一般情况下基本顶自身能形成平衡结构。为防止直接顶向采空区方向滑动，支架除承受直接顶的全部作用外，还需使直接顶与基本顶有足够大的接触压力，使直接顶与基本顶紧贴。

① 基本顶初次来压期间

基本顶初次来压期间，防止直接顶滑动的支护强度可按下式计算：

$$P = A + \frac{Qm_Z\gamma_Z(L_S + L_K)\sin\alpha_0}{fL_K} \tag{A-13}$$

其中：

$$\sin\alpha_0 = \frac{2[h + m_Z(1 - K_A)]}{c_0}$$

代入相关参数可得基本顶初次来压完成后顶板下沉角的正弦值：

$$\sin\alpha_0 = \frac{2[3.2 + 3.8(1 - 1.5)]}{29.26} = 0.09$$

则基本顶初次来压期间，防止直接顶滑动的支护强度为：

$$P = 0.16 + \frac{3 \times 3.8 \times 2.75 \times 10^{-2} \times (1 + 4.5) \times 0.09}{0.3 \times 4.5} = 0.27\ (\text{MPa})$$

② 基本顶周期来压期间

基本顶周期来压期间，防止直接顶滑动的支护强度可按下式计算：

$$P = A + \frac{Qm_Z\gamma_Z(L_S + L_K)\sin\alpha}{fL_K} \tag{A-14}$$

其中：

$$\sin\alpha = \frac{h + m_Z(1 - K_A)}{c}$$

代入相关参数可得基本顶周期来压完成后顶板下沉角的正弦值：

$$\sin\alpha = \frac{3.2 + 3.8(1 - 1.5)}{9.75} = 0.13$$

则基本顶周期来压期间，防止直接顶滑动的支护强度为：

$$P = 0.16 + \frac{3 \times 3.8 \times 2.75 \times 10^{-2}(1 + 4.5) \times 0.13}{0.3 \times 4.5} = 0.33\ (\text{MPa})$$

综上计算可知，综采液压支架合理的支护强度为 0.71 MPa。工作面目前采用的 ZY8800/17/35D 型双柱支撑掩护式支架，其最大支护强度为 1.047 MPa，可以满足顶板控制要求。

附录 B 回采巷道支护设计案例

B.1 巷道布置

前述 1202E 工作面运输巷为矩形断面，净断面长为 4.5 m，高为 3.2 m，采用综掘方式掘进。拟采用锚杆进行支护，锚杆设计锚固力为 80 kN，锚杆材料的抗拉强度为 325 MPa。巷道周边挤压应力集中系数为 2.0，岩体内摩擦角为 50°，煤层内摩擦角为 40°，安全系数取 2.0。

B.2 设计要求

(1) 利用悬吊理论计算巷道锚杆支护参数,包括顶、帮锚杆长度、直径、间排距等,并画出巷道支护断面图。

(2) 若巷道采用锚杆(索)组合支护,试基于破坏拱理论计算锚杆(索)性能要求及主要支护参数。

B.3 设计过程

B.3.1 悬吊理论计算

悬吊理论是指利用锚杆将软弱、松动、不稳定的岩层悬吊在深部稳定的岩层上,以减少或限制顶板离层滑脱。计算过程如下。

(1) 锚杆长度

顶锚杆长度由锚杆锚固段长度、有效长度及锚杆外露长度等 3 部分组成,即

$$L = L_1 + L_2 + L_3 \tag{B-1}$$

式中 L——顶锚杆长度,m;

L_1——顶锚杆外露长度,取决于锚杆类型与锚固方式,一般为 0.15 m;

L_2——顶锚杆有效长度,不小于软弱岩层厚度或自然平衡拱高度,m;

L_3——顶锚杆锚固段长度,端部锚固一般取 0.3~0.4 m。

顶板岩石的坚固性系数可按下式计算:

$$f_y = \frac{\sigma_c}{10} \tag{B-2}$$

代入相关参数可得:

$$f_y = \frac{22.66}{10} = 2.266$$

式中 f_y——岩石坚固性系数;

σ_c——岩石的单轴抗压强度,MPa。

当 $f_y<3$ 时,锚杆有效长度按下式计算:

$$L_2 = \frac{1}{f_y}\left[\frac{B}{2} + h\cot\left(45^\circ + \frac{\varphi}{2}\right)\right] \tag{B-3}$$

式中 B——巷道跨度,为 4.5 m;

h——巷道高度,为 3.2 m;

φ——岩体的内摩擦角,为 50°。

将上述参数代入式(B-3),得:

$$L_2 = \frac{1}{2.266}\left[\frac{4.5}{2} + 3.2\cot 70^\circ\right] = 1.51\ (\text{m})$$

代入式(B-1),得巷道顶锚杆长度为 $L_{顶}=0.15+1.51+0.3=1.96$ (m),则实际顶锚杆长度可取为 2.0 m。

两帮煤体非有效承载区宽度可按下式计算:

$$l_{非} = \frac{1+f_m}{1+2f_m} + \frac{B-1}{B+1} \tag{B-4}$$

式中　f_m——煤体坚固性系数，参照式(B-2)计算，为 1.51。

代入相关参数，得：

$$l_{非} = \frac{1+1.51}{1+2\times 1.51} + \frac{4.5-1}{4.5+1} = 1.57\ (\mathrm{m})$$

帮锚杆应保证杆体穿过两帮非有效承载区宽度，并使其锚固端在稳定煤体中达到额定锚固深度，即

$$L_{帮} = l_{非} + Z + L_1 \tag{B-5}$$

式中　Z——帮锚杆锚固端在稳定煤体中的额定锚固深度，取 0.35 m。

代入相关参数，得巷道帮锚杆长度 $L_{帮}=1.57+0.35+0.15=2.07$ (m)，则实际帮锚杆长度可取为 2.1 m。

(2) 锚杆杆体直径

锚杆杆体直径可根据杆体承载力和设计锚固力相等的原则确定，即

$$d = 35.52\sqrt{\frac{Q}{\sigma_t}} \tag{B-6}$$

式中　d——锚杆杆体直径，mm；

Q——设计的锚杆锚固力，取 80 kN；

σ_t——杆体材料抗拉强度，为 325 MPa。

计算得锚杆的直径为 17.6 mm，实际取 18 mm 可满足要求。

(3) 锚杆间排距

根据每根锚杆悬吊岩石载荷大小确定锚杆的间距和排距(通常可取二者相等)，即悬吊岩石载荷等于锚杆的锚固力，考虑安全系数 k，则有：

$$a = \sqrt{\frac{Q}{k\gamma L_2}} \tag{B-7}$$

式中　a——锚杆间距、排距，m；

k——安全系数，可取 2.0；

γ——岩石重力密度，$\mathrm{kN/m^3}$。

代入相关参数，可得顶板锚杆间排距 $a=0.98$ m，则实际可取顶锚杆间排距为 900 mm；帮锚杆间排距 $a=1.36$ m，则实际可取帮锚杆间排距为 1 300 mm。

(4) 巷道支护断面图

巷道支护断面图如图 B-1 和图 B-2 所示。

B.3.2　*破坏拱理论计算*

(1) 锚杆长度

首先根据破坏拱理论计算围岩破坏范围，其中两帮的破坏范围为：

$$c = \left(\frac{K_c\gamma HK}{\sigma_c} - 1\right)h\tan\left(45 - \frac{\varphi}{2}\right) \tag{B-8}$$

式中　K_c——巷道周边挤压应力系数，为 2.0；

K——采动应力集中系数，两侧为实体煤时可取 1；

σ_c——两帮煤体单向抗压强度，为 15.1 MPa；

H——埋深，为 500 m；

φ——煤层内摩擦角，为 40°。

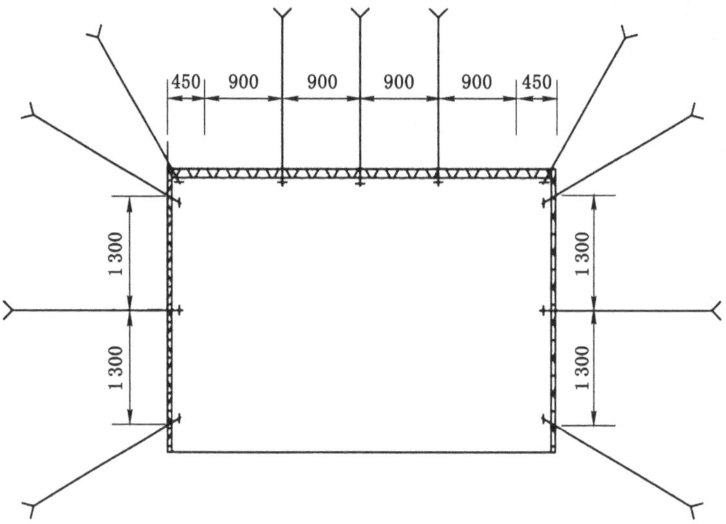

图 B-1　巷道支护断面图(示意图)

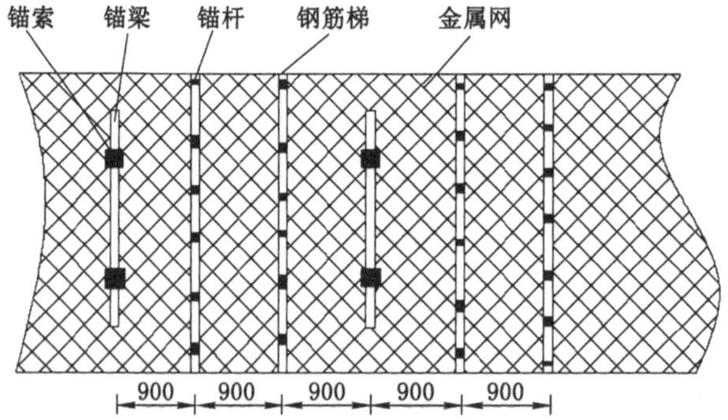

图 B-2　巷道支护俯视图(示意图)

代入相关参数可得：

$$c = \left(\frac{2.0 \times 2.75 \times 10^{3} \times 500 \times 1}{15.1 \times 10^{6}} - 1\right) \times 3.2 \times \tan 25^{\circ} = 1.225\ (\mathrm{m})$$

顶板最大破坏范围可按下式计算：

$$b = \frac{a_1 + c}{f_{\mathrm{m}}} \tag{B-9}$$

将 $f_{\mathrm{m}}=1.51$，$c=1.225$ m 代入上式得：

$$b = \frac{2.25 + 1.225}{1.51} = 2.30\ (\mathrm{m})$$

式中　a_1——巷道的半跨距，m。

对于两帮的加固，可以取在破坏范围的 2/3 处，即合力作用点所处位置，作为两帮支护长度的下限，而全部破坏范围作为支护长度的上限。因此，两帮锚杆有效范围长度 $l_{帮}=0.784 \sim 1.225$ m，取平均值为 $l_{帮}=1.02$ m，考虑外露部分长度 0.2 m，则实际帮锚杆长度可取为 $l'_{帮}=1.2$ m。

对于顶板的加固，同样以支护合力作用点为端点形成的拱高 b_1 作为顶板锚杆支护的下限，顶板在支护条件下全松动范围拱高作为支护的上限，则顶板锚杆有效锚固长度 $l_{顶}$ 为：

$$l_{顶} = b_1 \sim b = \frac{a_1 + \frac{2}{3}c}{f_m} \sim \frac{a_1 + c}{f_m} \tag{B-10}$$

代入相关参数可得

$$l_{顶} = \frac{2.25 + \frac{2}{3} \times 1.225}{1.51} \sim \frac{2.25 + 1.225}{1.51} = 2.03 \sim 2.30\ (m)$$

取平均值 2.165 m 并考虑外露端长度 0.2 m，则顶板锚杆的实际长度可取 2.4 m。

(2) 锚杆杆体直径

同样，锚杆杆体直径可根据杆体承载力和锚固力等强度数值加以确定，即按式(B-6)计算，则锚杆杆体直径 d 取 18 mm。

(3) 锚杆间排距

顶板锚杆数量应能有效承受拱内岩体重力作用且杆体抗剪强度能满足要求。平衡拱内岩体重力所需锚杆间距 S_1 计算式为：

$$S_1 = \sqrt{\frac{Q}{k\gamma b}} \tag{B-11}$$

式中　Q——锚杆的实际锚固力，取 80 kN；

k——安全系数，取 2；

γ——煤的重力密度，取 13.7 kN/m^3。

代入相关参数可得：

$$S_1 = \sqrt{\frac{80}{2 \times 13.7 \times 2.30}} = 1.127$$

校核杆体抗剪强度所需锚杆间距 S_2 计算式为：

$$S_2 = \sqrt{\frac{8 \times (0.25\pi d^2 \tau + Qf) l_{顶}}{3 k_2 \gamma B b}} \tag{B-12}$$

式中　τ——锚杆抗剪强度，取 500 MPa；

k_2——顶板抗剪安全系数，一般取 3～5；

f——分层间摩擦系数，取 0.3；

$l_{顶}$——顶板锚杆有效锚固长度，此处按实际长度减外露端长度计算，取 2.2 m。

代入相关参数，得：

$$S_2 = \sqrt{\frac{8 \times (0.25 \times \pi \times 0.02^2 \times 500 \times 10^3 + 80 \times 0.3) \times 2.2}{3 \times 5 \times 13.7 \times 4.5 \times 2.27}} = 1.224\ (m)$$

取 S_1、S_2 的小值作为顶板锚杆支护间距，即

$$S = \min\{S_1, S_2\} = 1.127\ m$$

考虑施工的方便，实际可选取顶板锚杆支护间排距为 1.2 m。

参 考 文 献

[1] 陈建国,卓军.综采工作面初采期间顶板控制技术及瓦斯防治措施[J].煤炭技术,2021,40(9):113-116.

[2] 陈结,高靖宽,蒲源源,等.冲击地压预测预警的机器学习方法[J].采矿与岩层控制工程学报,2021,3(1):53-64.

[3] 窦林名,冯龙飞,蔡武,等.煤岩灾变破坏过程的声震前兆识别与综合预警模型研究[J].采矿与安全工程学报,2020,37(5):960-968.

[4] 窦林名,周坤友,宋士康,等.煤矿冲击矿压机理、监测预警及防控技术研究[J].工程地质学报,2021,29(4):917-932.

[5] 高有进,杨艺,常亚军,等.综采工作面智能化关键技术现状与展望[J].煤炭科学技术,2021,49(8):1-22.

[6] 何满潮,宋振骐,王安,等.长壁开采切顶短壁梁理论及其 110 工法:第三次矿业科学技术变革[J].煤炭科技,2017(1):1-9.

[7] 康红普,王金华,等.煤巷锚杆支护理论与成套技术[M].北京:煤炭工业出版社,2018.

[8] 康红普,张晓,王东攀,等.无煤柱开采围岩控制技术及应用[J].煤炭学报,2022,47(1):16-44.

[9] 李宏艳,莫云龙,孙中学,等.煤矿冲击地压灾害防控技术研究现状及展望[J].煤炭科学技术,2019,47(1):62-68.

[10] 李利平,贾超,孙子正,等.深部重大工程灾害监测与防控技术研究现状及发展趋势[J].中南大学学报(自然科学版),2021,52(8):2539-2556.

[11] 梁伟章,赵国彦.深部硬岩矿山岩爆风险防控技术研究进展[J].岩土力学,2022(S2):454-468.

[12] 潘一山,齐庆新,王爱文,等.煤矿冲击地压巷道三级支护理论与技术[J].煤炭学报,2020,45(5):1585-1594.

[13] 齐庆新,李海涛,杨冠宇.煤矿冲击地压智能化防控之路[J].智能矿山,2021,2(1):22-24.

[14] 钱鸣高,石平五.矿山压力与岩层控制[M].徐州:中国矿业大学出版社,2004.

[15] 谭云亮,范德源,刘学生,等.煤矿深部超大断面硐室群围岩连锁失稳控制研究进展[J].煤炭学报,2022,47(1):180-199.

[16] 谭云亮.矿山压力与岩层控制(修订本)[M].北京:煤炭工业出版社,2011.

[17] 谭云亮，宁建国，杨永杰，等. 矿山压力与岩层控制[M]. 3版. 北京：应急管理出版社，2021.

[18] 张俊文，钟帅. 我国煤矿冲击地压灾害研究进展及技术体系分析[J]. 煤炭技术，2021，40(7)：105-108.